从路人到女神，只有一支口红的距离

口红

赤い口红があればいい

〔日〕
野宫真贵
- 著 -

杨梅
- 译 -

江苏凤凰科学技术出版社
国家一级出版社　全国百佳图书出版单位
· 南京 ·

图书在版编目（CIP）数据

口红：从路人到女神，只有一支口红的差距 /（日）野宫真贵著；杨梅译 . —南京：江苏凤凰科学技术出版社，2021.5

ISBN 978-7-5713-1526-9

Ⅰ . ①口… Ⅱ . ①野… ②杨… Ⅲ . ①女性—修养—通俗读物 Ⅳ . ① B825.5-49

中国版本图书馆 CIP 数据核字 (2020) 第 215652 号

口红：从路人到女神，只有一支口红的差距

著　　者	［日］野宫真贵
译　　者	杨　梅
责任编辑	李莹肖
营销编辑	许露露　朱哲彬
责任校对	杜秋宁
责任监制	刘文洋
出版发行	江苏凤凰科学技术出版社
出版社地址	南京市湖南路 1 号 A 楼，邮编：210009
出版社网址	http://www.pspress.cn
印　　刷	南京海兴印务有限公司
开　　本	880mm × 1 230mm　1/32
印　　张	8.5
字　　数	220 000
版　　次	2021 年 5 月第 1 版
印　　次	2021 年 5 月第 1 次印刷
标准书号	ISBN 978-7-5713-1526-9
定　　价	49.80 元

目录

第二章

与镜和光为友，找到自己最美的角度

第三章

从头到脚，变身时尚丽人

第四章

妆容的重点，是红唇与眉眼

第五章

成为社交网络时代的写真美人

第六章

通过发型打造完美第一印象

第七章

挑对内衣，提升胸围又舒适

第八章
穿上高跟鞋，尽显女人味

第九章
体重从 21 岁开始就维持不变的秘密

第十章

现在的自己就是最美的

自序

你一定要有一支正红色口红

“你用过正红色的口红吗？”

当我在一次同学会上这样问那些久别重逢的女同学时，回答“一次都没有”的人竟出乎意料的多，这着实令我震惊。因为她们同我一样年过半百，却还没有画过一次真正的红唇！

这些女同学应该体验过各种各样的时尚妆容，用过各色口红，可为什么不敢使用正红色的口红呢？我不禁想知道个中究竟。

当我询问她们的时候，得到的理由不外乎“正红色不太适合我”“太夸张了”“我涂不好”“会遭人厌”“年纪大了不好意思”等。对于抱着这些想法的女性，我非常想劝她们：“你真应该试一试正红色的口红！”其实我更想建议那些平时不化妆的女性，直接去挑战一下烈焰红唇。

我很喜欢法国女性，她们总是给人一种优雅从容的感觉，她们能给人这种感觉的秘密正在于大红唇。我曾在巴黎街头仔细观察过，许多女士都是以裸妆搭配大红唇，优雅简约的同时，又散发出一种精致、高级的出众气质。

素颜与红唇的搭配，的确能给人带来一种“精心装扮”的考究感，一种“干净整齐而不矫揉”的素净感，一种“青春焕发”的朝气感。除此之外，还能让人觉得你已是一位“有着独立意识的成熟女性”。

不必害怕，即便是正红色口红也有诸多种类，其中一定有适合你的那一款，能将你衬托得分外美丽。只要根据自己的年龄和肤质认真选择，找到适合自己的口红质感和颜色，就能让你时时刻刻美丽在线。

自我 30 岁以后，使用正红色口红的机会反而多了起来。因为我在这个年纪终于找到了使正红色口红契合我自身特征的技巧，让我在涂红唇时不会给人一种盛气凌人的感觉，反而会像法国女性一样，看起来优雅而精致。

许多人都知道，当岁月在肌肤上刻下的痕迹日益明显时，钻石的耀眼光辉就会变得越发适合我们，因为它可以让我们的皮肤看起来非常“华丽”，而红唇亦同此理。现在，无须花费几万块去买钻石，只需要涂上正红色的口红，就能让你遇见全新的自己。

红唇，是女人的特权。

红唇，是女人的标志。

红唇，是女人的骄傲。

每个女人都应该活得美丽而耀眼！

即使是不涂口红的时刻，只要一想到自己随身携带的化妆包里有一支正红色的口红，我们也会有随时准备好走上红毯的自信。

我并非专业的化妆师，也不是专业的造型师，我所讲述的时尚技巧也许并不能放之四海而皆准，但我身为一举一动皆受瞩目的流行歌手，自然需要时时刻刻保持好自己的外在形象。多年来我从工作中得到的时尚感悟，以及屡屡试错后所掌握的秘诀，将在这本书里全部分享给大家。

我深知自己并非天生丽质，所以一直努力将自己培养成“后天美人”。写这本书的时候，我已经56岁了，在不知不觉间已经积累了许多这方面的秘诀。在我35年的歌手生涯中，还掌握了许多“看起来像美人”的技巧。因为只要“看起来像美人”就好，所以我在这本书中所介绍的美容和化妆技巧都很省时、省力、省钱，能让你节省更多的时间和金钱去做更多自己喜欢的事。

《口红》是一本能让你高效变美的书，同时我也会讲述一些女人如何享受人生的处世之道。因为我已经走过许多弯路了，我不想姐妹们重蹈我的覆辙，所以让我们一起翻开这本书，一起变美吧！

野宫真贵

编者序

口红点亮女人生命的火焰

谈及口红，我不禁想起曾经看过的一部巴西电影《中央车站》，它讲述了一个冷漠、现实的退休教师朵拉的故事。朵拉在里约热内卢人来人往的中央车站，以帮人写信谋生。一天，一个母亲带着儿子来到这里，口述了一封给丈夫的信，但一出车站母亲就遭遇车祸身亡了。在母性的驱使下，朵拉决定带着小男孩去找爸爸。在路上，朵拉与一个同样孤独的卡车司机渐生情愫，于是她走进卫生间向陌生人借了一支快见底的口红，抹在青春不再的嘴唇上，鼓足勇气去表白。然而，当朵拉走出卫生间的时候，看到的却是卡车远去的影子。朵拉悲伤地哭了，此时小男孩安慰她说："你涂上口红的样子，真的很美。"

在影片的结尾，朵拉把小男孩送回了亲人身边，而她换上小男孩给她买的新裙子，再次对着镜子涂上口红，登上了返回里约热内卢的车。

时隔多年，我始终忘不了朵拉两次涂口红的情景。涂上口红的朵拉，俨然由一个从未被爱过的冷漠女人，变成了一个心中有爱也有光的女人。她一洗过去的冷漠和怨恨，学会了爱人，也恢复了对幸福生活的渴望。

从那时起，我不禁开始想一个问题：口红对于女人，到底意味着什么？

优雅女神奥黛丽·赫本说："不涂口红的女人没有未来。"

性感尤物玛丽莲·梦露说："口红就像时装，它使女人成为真正的女人。"

时尚女王可可·香奈儿说："如果你感到悲伤，涂上口红，去战斗！"

民国才女张爱玲更是对口红情有独钟，她在散文《童言无忌》中写道："生平第一次赚钱，是在中学时代，画了一张漫画投到英文《大美晚报》上，报馆里给了我五块钱，我立刻去买了一支小号的丹琪唇膏。"她的遗物里，最多的也是口红，而且都是颜色很浓烈的桃红或正红。

综合以上答案，我觉得口红就是美，是自信，是女人的生命之火，是女人笑对生活的底气——哪怕前一晚还被生活碾压得身心俱疲，面容憔悴，但只要涂上口红，就能卷土重来，所向披靡。

如果说，你的包里只能装得下一样东西，我建议你装一支正红色口红。

口红带给我们的永远不只是外表的光鲜亮丽，而是由内到外的洗礼与升级。习惯每天涂口红的女人，不会允许自己的头发是油腻的，身材是臃肿的，穿的衣服是不得体的，说出的话是粗俗的，做完的事是错漏百出的，因为她们会时刻提醒自己，要做更好的自己。

口红就是我们女人最忠诚的密友：恋爱中，它帮我们美丽到发光；职场中，它帮我们解锁自信与灵感；开心时，它提醒我们不要得意忘形；失意时，它鼓励我们——无论现状有多糟糕，我们依然可以不抱怨、不放弃，笑着迎接未来。

2020 年，是“涩谷系女王”野宫真贵女士的花甲之年，作为日本涩谷系音乐的代表人物，她不仅依然活跃在世界舞台之上，而且体重依旧如 21 岁刚出道时一样轻盈，依旧引领着年轻女孩们的时尚潮流，被誉为“精致女人的标准”。这简直不可思议！而这本书，她也绝不只是写给 30+ 女性的精致生活宝典，更是写给每一个还没学会爱自己的女孩的自我觉醒指南。

我希望每个女孩一生中拥有的第一件化妆品，就是口红。

我希望自己60岁的时候，也能像野宫女士一样，活得精致又漂亮！

本书编辑　李莹肖

赤い口紅があればいい

第一章

没有天生美貌，也能闪闪发光

美人の雰囲気は
自分でつくる。

01 我是如何克服容貌带来的自卑感的

也许有的读者还不熟悉我，所以我先大致介绍一下我自己。我生于 1960 年，如今早已年过五旬。我小时候长得很不好看，由于早产的缘故，我的身材又瘦又小，十分孱弱。在学习和运动方面都不擅长，这些都让我深感自卑，觉得处处比不上别人。再加上我极度怕生害羞，在学校里经常一言不发。现在回想起来，我的童年真是充满了深深的自卑感。

那时唯一能让我觉得快乐的，就是放学后回到家里，涂上妈妈放在梳妆台上的口红，穿上妈妈为我做的裙子，站在被当作“舞台”的床上唱歌。一旦站到“舞台”上，我就会把自己幻想成电视中的明星，在聚光灯的追逐下演唱着动听的歌曲。想象着，自己穿着漂亮的衣服，唱着最喜欢的歌……这世上大概没有比这更美好的事了。

从那时候开始，我就暗下决心，一定要成为一名歌手。歌能传情，歌能咏志，即便我不善言辞，也能用歌声表达我的所思所想。

对于幼年时极度自卑的我来说，唱歌就是我表达自我的方式，化妆打扮只是能让我“变身为明星”的一种手段而已。

自从我下定决心之后，就没有放弃过唱歌这件事。后来我和朋友们组建了一支乐队，不断参加各种比赛，在成为专业歌手的道路上摸爬滚打，摸索着往前走。在出道之前，我还当过一年白领。那时候我每天都卡着时间下班，下午 5 点钟一过我就准时奔向排练室。

我出道于 1981 年，那时候我已经 21 岁了。我还记得第一次去摄影棚拍照的时候，化妆师感叹地对我说：“你皮肤真好，就算是不涂粉底也可以。”最后，他就只对我面部的重点部位做了简单的修饰。

那是我第一次面对专业化妆师，原本还想着机会如此难得，让他为我化一个全妆呢。而今时过境迁，我的容颜早已衰老，即便是撒谎，也再没有人会对我说“你皮肤真好”这句我很想听到的话了。妆容完成之后便是拍照，还记得当时摄影师反复地让我微笑，我却怎么也堆不出一个笑脸。现在回忆起来，原来我也有那么青涩的时候啊。

如今我在网络上看到自己 20 多岁时的照片会被吓一跳，果然，那时候的很多妆容打扮都是在“摸索试错”啊。虽然当时的我绝对称不上是美人，但那时充满弹性和光泽的肌肤，对未来坚定不移的心，还有由内而外散发出来的能量，都让我整个人看起来熠熠生辉。

1990 年，我年满 30 岁，成了 Pizzicato Five 乐队的

成员。我加入 Pizzicato Five 的初期是我最瘦的时候，曾经令我自卑的单眼皮和厚嘴唇，在那个时候也开始变得流行起来，女孩们纷纷效仿。因为在当时日本的视觉系看来，这样的容貌特征正是自然的魅力。假睫毛、大假发、华丽的衣装是视觉系装扮的重点，与之相应的，口红也被换成了亮晶晶的唇彩，厚唇的性感开始被人重新强调。而我，就在这时走进了大众的视线。

当时 Pizzicato Five 所有人的妆容都采用了时兴的视觉系装扮，无论是 CD 封面造型还是 MV 造型，都是由当时一流的发型师、造型师来操刀的，形象可谓千变万化。我也是在那个时候体验到了演绎不同风格女性的乐趣，我甚至穿过用轮胎内胎做的衣服。唯一没有体验过的，可能就只有光头了吧。我就是在这样的经历下，逐渐积累了很多化妆打扮的技巧。与此同时，我也明白了，妆容与衣服对一个人内心的影响实在太大了。不得不承认，精心装扮过的外表给我带来了很大的自信。它就像是一层铠甲，强大又温柔地保护着我那颗自卑的心。有了这层铠甲，我总算能与世界和解了。也可以说，“装扮”是一条将我和世界联系在一起的纽带。

对当时的我来说，化妆打扮并不只是为了让自己快乐。由于受到自卑的困扰，我总是想尽办法，无论何时都尽力让自己呈现出最好的一面。即便现在我已不再年轻，也想挺起胸膛自信地对自己说一句：“当下的你是最美的！”

我出道至今 30 多年间积累起来的时尚与美容方面的经验，就像我至今也未曾改变的嗓音一样，也算得上是我的一种成就了。

20 多岁的时候，我对年龄的变化非常在意，一直试图抵抗岁月流逝给我带来的改变。现在回想起来，真想对那时候的自己说一句：“你是不是在意得有点过头了？”

因为我那时从事的是需要在人前“露脸”的工作，

所以外貌对我来说非常重要。我曾经尝试过在眼下注入透明质酸，给眉间注射肉毒杆菌毒素，以此来消除松弛和细纹，挽回正在逝去的青春。刚刚注射后，令人烦恼的肌肤问题确实会有所改善，心情也会随之变好。但这样的改善也仅限于自己知道，别人根本无法察觉。所以，在美容院做这种自我安慰的医美项目往往是徒劳的，因为几个月后，看似青春的样貌就会被打回原形。更令人难过的是，眼周皮肤经过注射之后，会将法令纹衬托得更为明显，而填充了法令纹又会暴露出其他问题，循环往复，没完没了。

女人一过 40 岁，就处于青春的尾巴，是令人无比烦恼的尴尬年纪。在这个年龄段里，一方面看似还有机会拼尽全力去抓住青春与朝气的背影，同时又不可避免地要遭受伪装青春带来的疼痛。然而，过于精致的妆容，一丝不苟的卷发，直板夹夹出的润泽发质，整齐的指尖透出的指甲油的润泽……这些后天的修饰反而会越发凸显你的年龄。

我如今总算懂得了这个道理，但回首往昔，曾经40多岁的我却把这些后天修饰当作弥补逝去青春的法宝，并不断投入时间、金钱和精力。为了保住肌肤的弹性，真是一刻也没有松懈过。

50岁之后，我逐渐掌握了与年龄相称的无畏与豁达，学会了缓解紧张的情绪，也逐渐接受了年龄增长所带来的变化，放弃了用微整形来挽留“青春”（虽然偶尔也会去做做面部护理）。取而代之的是，我剪短了以前的长发，并时常更换新的发型。

在询问美容专业人士的意见之后，我也不会再去整形医院，而是去能诚实、直接地给我意见的美容院。化妆时我也不再刻意追求妆容的精致和完美，转而开始使用简单的、注重轮廓的化妆技术，随时保持端庄美丽的仪容，以微笑待人，做一个与年龄相符的气质美人。

50岁，我开始明白了所谓的“美”是建立在身心

健康之上的。

凡事不要用力过度，适度就好，我从 50 岁开始才明白：人要活在未来。年龄的增长能让人拥有智慧，如此看来，未尝不是一件幸事。

在我认识的人当中，不乏端庄优雅、年龄在六七十岁的女性。为了让我在她们那个年纪也能对自己说出“现在的你是最美的”这句话，我要从现在开始就向她们学习她们那个年纪的时髦法则，以及“快乐生活”的智慧。

02 所有女人不是“美人”，就是“美人预备军”

在这世上，有人被称为美人，而有人则尚未获得如此赞誉。

在这些美人中，有的人美在容貌，有的人则胜在气质。容貌美的自不用说，她们天然生就了一副好面孔，而以气质取胜的美人则不然。她们的样貌或许丝毫不会令人感到惊艳，但她们身上散发出的气质却让人觉得这个人非常漂亮。

所谓气质，并不是通过言语能说得清道得明的东西，它可以表现在很多方面，例如表情、举止、声音、措辞、整洁度、品位和智慧等。

我也是在成为气质美人的道路上探索过的过来人，我一直想跻身美人的行列，但尴尬的是，我并非天生丽质的美人。因此，为了实现这个目标，我围绕着“如何看起来美丽”这个课题进行了各种尝试，多年来累积了许多有用且广受好评的技巧。

要成为气质美人，首先要做到以下 3 点：

- 外表看起来要得体（从掌握穿着、化妆、发型等方面的技巧入手）。
- 保持身心健康（随时保持好气色和好心情）。
- 要有自己的个性（珍视你自己喜欢的东西）。

虽然我们都很羡慕那些天生就拥有姣好面容的人，但那些能瞬间惊艳到我们的美人往往都是气质美人。先天美人固然明艳靓丽，但气质美人也拥有自身独特的迷人魅力，往往更叫人难忘。因此，就算你不是天生丽质，只要不断磨炼自己，提升自己的魅力，成为一位后天气质美人，也并非难事。

在我看来，世上根本没有“丑女人”，只有先天美人、气质美人和暂未成为气质美人的“美人预备军”。

对于我和很多女性来说，“谁都可以成为气质美人”绝对是一句充满希望的话。

请和我一起打造出你的专属气质，成为气质美人吧！

03 成为美人，是为了获得自由

说起来，为什么我们女性都想变美呢？

是因为想拥有更好的异性缘吗？还是因为想听到赞美奉承的话呢？

我从小到大都没有迎合过男性，没有做过所谓的“受男性欢迎”的打扮。因为我觉得，女性之所以想要变得美丽，是为了获得自由。

在日本社会，当一位女性打扮得时髦又漂亮地去办公室的时候，上司多半会问她：“哎呀，你下班要去约会啊？”这种语言往往带有戏谑的味道，一点都不绅士。

其实他应该说“你今天穿的衣服真适合你”才对（如果日本男性变得更绅士一点儿的话，女性肯定也会变得更加靓丽！男性们，请你们成熟一点儿）。

男性评判一位女性，很多时候都只看她是否年轻漂亮，这是非常失礼的。但更失礼的是，当女性进入40岁之后，她们甚至连被评判的资格都没有了，直接被用“大妈”两个字概括了事。各位女性朋友们，当你们面对这样世俗的眼光时，不必觉得受伤，也不必觉得失落，更没有必要放弃。你们不必因男性未经大脑思考就说出的话而自卑，大胆地去追寻你想要的东西，自由地享受人生吧！自我肯定是很重要的。但是，很多人能肯定自己的内在修养和工作能力，却未必能肯定自己的外表。

在我年轻的时候，我也觉得自己的外表不行，但当我积极地运用自己掌握的时尚技巧成为气质美人后，我终于能对自己的外貌说一声“yes”了。与此同时，和二三十岁的自己比起来，我觉得我现在活得更加自由，也更能去享受人生了。

变美，是为了获得自由！

任何人都握有成为美人的种子。但我所谓的“美人”，并不仅仅指拥有外在美的美人。美人分为很多种，例如笑颜美人、声音美人、造型美人[1]、智慧美人、热血美人、冻龄美人、丰腴美人、社交美人、内敛美人、骨感美人等。我所认识的女性们，算来也是各有各的魅力。

一个人的魅力往往潜藏在他（她）未能注意到的，甚至是觉得自卑的地方。

只要留心找出自己魅力之所在，并不断为浇水施肥，终有一日那里能开出一朵与众不同的绚丽花朵。

实际上，十全十美的美人反而让人觉得兴味索然。

---

[1] 造型美人：指形象独特且鲜明的美人。

让我们一起找出我们的魅力所在，并浇灌出属于自己的魅力之花吧！

你，就是一位美人。

04 先天美人与气质美人的分界线

进入 40 岁之后，我接到的同学会邀约便多了起来。在同学会上，我目睹了一些可谓翻天覆地的变化。许多学生时代人人追捧艳羡、仿佛全世界都会围着她转的美人们，阔别数十载后再聚，其美丽光彩竟荡然无存，甚至连想起她是谁都需要耗费一些时间。相反，学生时代那些朴素的、甚至有点土里土气的女生，竟然摇身一变，成了周身散发着幸福光芒且充满魅力的女性。

你身边是否也有一两个这样的女性朋友？她们拥有着天生的美貌，婴儿时是个天使，孩童时被称为美少女，及至妙龄，就算再怎么露出厌烦的表情，男生们还是会围绕在她们身边……明明同样身为女性，但无论你再怎么提升自己的品位，再怎么精进自己的化妆技术，还是毫无胜算。

然而，就在如今人生过半的时候，我们迎来了大逆转的机会！

可以说，到了现在这个年纪，我们终于又和那些天生丽质的美人们站在了同一起点上。时间对谁而言都是平等的，无论是谁都会经历年龄的增长，谁都无法抗衡岁月的流逝，先天美人也不例外。无论年轻的时候多么漂亮，随着年龄增长而来的细纹、松弛都会逐渐显现在脸上，让面部微妙的平衡逐渐崩坏。天生丽质的美人也不可避免地会进入“大妈”的范畴（这似乎对天生的美人有些偏见，我要为我过分强烈的语气致歉）。

在此之前，这些先天美人们一直被人捧在手心里，即使自己不怎么用心，人生也照样顺风顺水。而今却要面对美貌的流逝，这样的落差也未免太大了些。另一方面，气质美人们为了变美，必然长年持续“磨砺”自己，她们沉淀下来的技巧和智慧，在这个时候才刚要开始发挥作用。现在，她们可以为了姗姗来迟的“美丽”季节而放声歌唱了。

如果你是一个先天美人，请不要骄傲自负，一定要将美丽进行到底。当你失去了因年轻而拥有的美貌时，也不要着急忙慌地利用医美技术抵抗衰老，而是应该继续追求时髦，追寻你喜欢的东西，这样一来你才能变得从内而外地富有魅力。

我所提倡的气质美人必须具备 3 个条件：外表、健康和个性。这些对已过 40 岁的先天美人也同样重要啊。

05 说话练习，让你的“美人度”越来越高

出乎意料地，我居然忘记了年龄变化所带来的声音变化。

这其中的一个重要原因是，女性在更年期后雌性激素的分泌会减少。更年期时，女性会变得难以大声说话，声音也会变得低沉、沙哑，失去迷人的女性特征。

声音的变化除了与激素分泌量有关之外，与声带的老化也有直接关系。人的声带也是肌肉组织的一种，如果不坚持锻炼的话，也会和腿脚一样衰弱下去。而锻炼声带最有效的一种方法，就是唱歌。由于职业是歌手，

我无意中锻炼了自己的声带。托此之福，如今我还能以同样的调子完美演唱我 21 岁刚出道时的歌曲。

诚然，我的声音听上去比实际年龄要年轻。然而即便如此，我在听刚出道的歌曲时也明显发现，我现在的音色不如往昔了。那时我的声音还带着孩童的天真烂漫，而年轻时的那种音色，也早已不再适合如今的我（同化妆打扮一样，**无论什么事情，符合自己的年龄是非常重要的**）。

话说回来，锻炼声带固然对防止声音老化很重要，而说话方式、遣词造句则对一个人的“美人度”更重要。只要在这些方面稍加注意，我们的“美人度”就会迅速升高。

实际上，我们的声音和说话方式会给人留下很深的印象。为了给别人留下一个好印象，我们不妨把自己的声音录下来研究一番。

成熟女性需要注意，讲话时要“温声细语”“轻言慢语”“三思而后语”。调子要平缓，发音要清晰，切勿语速过快。说话时保持嘴角上扬，明朗的表情能让我们的声音听上去轻快三分，自然能提升别人对我们的好感度。

此外，说话时最好看着别人的眼睛，稍微放慢速度，不要一直只顾着说自己的话，也要学会倾听，学会共情，这些都是很重要的。尽量少说消极的话，多说真诚的话。我听别人说过，当我们在说真话的时候，因为内心坦荡，身体也会跟着产生共鸣，声音自然就会变得好听。反之，当我们在说谎话的时候，身体会变得僵硬，声音也不会好听到哪里去。

当我们有意识地用悦耳的声音讲话时，就能给对方留下好印象。

以美声讲美言，自然就能成为一个“声音美人”。

成为一个“声音美人”是比较简单的，现在就来挑战一下成为一个“声音美人”，如何？

06 为自己塑造一个独特的造型吧

看了有关年过九十的时尚名人艾瑞丝·爱普菲尔（Iris Apfel）的纪录片《时尚天后的缤纷人生》后，我才知道世上还有如此值得尊敬的时尚女王。同时，我也重新向自己立誓："就算我成了白发苍苍的老奶奶，也要享受时尚。"

1921年，艾瑞丝生于美国纽约。20世纪50年代，艾瑞丝开始作为一名室内设计师活跃于设计界，与此同时，她与丈夫共同创立的纺织公司[1]也大获成功。随着公司的壮大，夫妻二人携手遍游世界，恣意享受人生。两人与生俱来的好品位，也在这个过程中得到了进一步的提升。

艾瑞丝因其大胆又极富个性的时尚观被誉为“时尚界的珍鸟”。她凭借自己的时尚品位和技巧，将昂贵的高级定制服装和“古着”（有年代的服装，因为凝聚着时代特色而受到欢迎），以及从跳蚤市场淘来的便宜服饰，巧妙地融合在了一起。这样一位“教母级”的时尚人物，毋庸置疑地受到了很多世界著名设计师的尊敬，她甚至对当今世界的时尚文化都影响颇深。

将极具个性的夸张首饰叠戴、色彩鲜艳的套装加身，是艾瑞丝时尚的鲜明特征。而那副黑框圆形眼镜，更是

---

[1] 纺织公司：该公司名为旧世界织布工坊，英文名为 Old World Weavers。

已经成了她的独属标志，甚至可以说已经变成了她的一部分。

当你问她“从何时开始戴这副眼镜时”，她会回答你：“就是从我发现，如果和脸型相称的话，眼镜会成为最好的首饰那一刻开始。从那时起，我看到与众不同的眼镜就挪不开眼睛了。而且，以前有个人就对我说过，‘你绝非美人，所以一定要有个性’。”

艾瑞丝从来都知道自己并非一个天生丽质的美人，所以她通过佩戴具有个性的眼镜，为自己塑造出了独特的形象，这个形象甚至超越了美丽的定义。

所以说，你如果也并非天生丽质的话，请千万不要气馁不要自卑，我们还有气质美人这条路可走。

那么，不妨先试着为自己塑造一个独特的形象吧！每天持续不断地保养皮肤，对岁月流逝带来的变化进行微调，是保持青春的重要秘诀。对那些不能持之以恒的女性来说，不如试试将自己的形象标志化。不要因为自己并非天生丽质而气馁，塑造自己鲜明的形象和标志，也是一件非常有意思的事情。

要想成为形象鲜明的美人，可以不用在意世间衡量一般美人的标准，这样的选择或许更自由，也更幸福。

说起来，那些时尚达人们多半都有属于自己的标志。

比如我们刚刚提到过的艾瑞丝的眼镜，美国《时尚》杂志主编安娜·温特（Anna Wintour）的波波头和墨镜，岛田顺子[1]的银白色大背头，索尼亚·里基尔[2]（Sonia Rykiel）的泡面头发型等。

我们从中可以看出：**眼镜（包括墨镜）和发型是打造自我标志性形象的重点**。

拥有标志性形象的美人，通常都会给人带来一见难

---

[1] 岛田顺子：日本服装设计师，拥有同名品牌 Junko Shimada。

[2] 索尼亚 • 里基尔：法国著名时尚设计师、作家。

忘的冲击力。现在起，就从独具个性的眼镜和发型开始，塑造一个独特的自我形象吧！另外，独特的造型并不是瘦女孩的专利，“丰满的体形，开朗的性格”也是一种能给人安心感的独特形象。

对于一个独具造型的美人，“是否美丽，是否时尚”早已不成问题，她们本身就是能带给周围人幸福，并能快乐地享受人生的极品美人。

我期待自己在不久的将来，也能达到这个境界。

野宫老师画重点

1. **美人心法 1：**美是建立在身心健康之上的。凡事不要用力过度，适度就好。青春的流逝并不可怕，女人要活在未来。

2. **美人心法 2：**一个人的魅力往往潜藏在他（她）未能注意到的，甚至是觉得自卑的地方。所有女人不是美人，就是“美人预备军”。

3. **气质美人养成术：**外表看起来要得体（从掌握穿着、化妆、发型等方面的技巧入手），保持身心健康（随时保持朝气和好心情），有自己的个性（珍视自己喜欢的东西）。外表、健康和个性是气质美人必须具备的 3 个条件。

4. **美人说话术：**“温声细语”“轻言慢语”“三思而后语”。说话时保持嘴角上扬，真诚地看着对方的眼睛。尽量少说消极的话，多说真诚的话。

5. **打造独特形象的重点：**眼镜（包括墨镜）和发型。形象鲜明的美人可以不用在意世间衡量一般美人的标准。

第二章

与镜和光为友，找到自己最美的角度

鏡と光を味方につけて
美人に見せる。

01 爱上照镜子，爱上自己

面对镜子，照见自己。通过照镜子，你可以看见各种各样的自己——自己的面庞，自己的身体，自己的正面和背面；着装时的自己，裸体时的自己；化妆时的自己，素颜时的自己；自己的优点，自己的缺点；加了滤镜的自己，客观的自己；假笑时的自己，不苟言笑的自己……不要讨厌镜中的自己，要学会爱镜中的自己，接受镜中的自己。

所有的一切，皆以镜子为开端。

镜中的自己，是我们最严厉也最温柔的、独一无二的朋友。我们不可以失去这个朋友。

02 请在每间房里准备一面镜子

镜子

可以的话，请在每个房间里都准备一面镜子，以便可以随时瞥见自己的举止和状态，进行自我检查。虽说只是一瞥，但这一瞥却意外地非常重要。当我们画着精致的妆容，穿着精心搭配的服装照镜子时，总会在无意识中做出与我们的妆容和服饰“相配”的表情，这是无法进行自我检查的。要检查自我，最好是在毫无防备的时候瞥一眼镜子。

这样一来，我们就会在镜子中发现自己从未见过的自己。比如说，早上急着出门慌忙做准备的时候，瞥一眼镜子，你会在镜中发现一个有着能显出眉眼间细纹的危险表情的自己；当你做完家务之后去瞥一眼镜子时，你会看见一个让你发出“镜子里那个人好像我妈妈”之类感叹的自己……殊不知，这些在不自知中展现出的形象，在别人眼中早已是司空见惯的了。如果你被镜子中的自己吓了一跳，那么请你深吸一口气，然后慢慢扬起嘴角。

除了镜子，我还想另外介绍两种东西，请大家备于每个房间中。

棕榈油

到了这个年纪，时常会觉得身体各处十分干燥。一旦出现这种情况，就应该在各个房间中常备一瓶万能的棕榈油。当你发觉你的手、指尖、手肘、面部、颈部、嘴唇、头发、小腿和脚后跟等身体部位有些干燥时，都可以用棕榈油擦一擦。

不用腾出专门的时间，也不用涂抹得非常细致，只需要在看剧的时候或者工作的间隙简单涂抹就可以了。只要养成这样的习惯，你就不会再干得像木乃伊一样了。

我们的手最容易暴露我们的年龄，只有认真地做好保湿补水的工作，才能让双手富有光泽，才能让那些凸起的血管和指关节处的细纹“隐形”。

有机棕榈油能在全身使用，是非常珍贵的宝贝。你还可以将它倒进一个小瓶子里面，存放在包里以便随时使用，尤其在旅行时可以这样做。

老花镜

人是迟早要戴老花镜的，近视眼患者也不可避免。

如果你已经到了需要使用老花镜的年龄，就不要再做无谓的抵抗了，在各个房间里都备上一副老花镜吧。因为到处寻找老花镜的身影，和将报纸举得很远去看的样子，多少有失潇洒和优雅。而没戴眼镜眯着眼睛去看东西，也是造成你眉间细纹的原因之一。

床边当然毫无疑问要有，厨房里也要放一副才好。之所以这样做，是因为菜谱上的字都太小了，大小通常只有标题的二分之一，甚至四分之一。

当你眯缝着眼睛去看菜谱时，锅里的菜早已经糊了。

03 通过“自恋镜”，让自己变得更自信

舞台后台和摄影工作室的化妆间里，一般都会有一面四周缀满小灯泡的“好莱坞镜”，大家一定也在电影或电视中看到过。

这种镜子又被称作“女演员之镜”，而我通常把它称为“自恋镜”。因为“自恋镜”周围点缀着一圈柔和的灯光，所以我们在照镜子时，脸上不会出现阴影。这样一来，我们很在意的细纹、松弛什么的就全都看不见了。这种镜子的发明者，确实非常值得我们感谢。

与之相对的，当我们在一般的化妆间化妆时，荧光灯强烈的灯光会从天花板上照下来，从而残酷地将我们脸上所有的瑕疵暴露无遗，让我们看上去一下子老了10岁。

如果我们从这样的镜子里看到自己刚起床的素颜的话，光是想想，就忍不住想要捂脸。这种镜子的唯一优点，大概就是让我们从朦胧睡意中一下子清醒吧！

虽然我这么问显得有些唐突，但我还是想问问各位，你们去唱过卡拉OK吗？有没有发现我们在KTV用话筒唱歌的时候会产生回音？这样的回音会让我们的歌声变得十分动听。这样一来，我们就会对自己的歌声产生自信，从而更敢于放声歌唱。实际上，当我们在这种有回音的环境下唱歌时，确实比我们在没有回音的情况下唱得好得多。

我们也可以把同样的道理运用到化妆中去。

当我们调整好化妆镜和灯光，营造好化妆所需的环境后，就可以自信地对镜中的自己说一句：“嗯，我今天看起来真不错！”

看着镜中美丽的自己，心情也会随之明朗，自然就能把妆化得精致漂亮了。

04 用放大化妆镜，化一个精致的妆

要化一个精致的妆容，除了上述说到的“自恋镜”之外，还有一种镜子是非常必要的，那就是带有放大功能的镜子。

对于 30+ 女性而言，带有放大功能的镜子是一种必需品。如果因为不愿承认自己已不再年轻而勉强用一般的镜子化妆的话，那么最终化出来的可能是失败的“蒙眼描相”。如果真是这样的话，想必大家都笑不出来了。

不过，如果使用带有放大功能的化妆镜的话，连眼线、睫毛膏、唇线这些细致的地方都能轻松搞定。但要注意的是，如果只在需要化得细致的地方才用放大化妆镜的话，整个妆面会显得不平衡，所以请在整个化妆过程中都使用放大化妆镜。

然而，并不是说镜子的放大倍率越高就越好，能放大 3 ～ 5 倍的镜子的效果是最好的。

我有一面能放大 12 倍的镜子，可我并不常用。因为这面镜子甚至能将平时看不见的东西映照得清晰可见，太可怕了！一旦使用起来，我就无法放下手中用来清除脸上脏东西的镊子，就像发了疯一样。

05 服装店里的试衣镜是有“魔法”的

当我们去商场购物，看见一件漂亮衣服然后上身试穿时，穿衣镜里映出的总是一个“九头身”的自己。

每到这时，我们总会情不自禁地喃喃自语：“这件衣服穿着挺显瘦的啊。”店员则会恰好在这个当口走过来感叹一句：“真是太适合您了！”听到这样的赞美，基本上所有女性心情都会立刻变好，极有可能买下一整套衣服。

然而，当我们回到家后再穿上同一套衣服来到镜子前时，竟再也寻不见那个“九头身美人”的踪迹了。

为什么呢？因为服装店的试衣镜会让我们看上去比实际更高挑，而灯光也被调整到了让人看上去更美的状态。在这样的情况下，就算在镜子中看到了 20 多岁的自己也并不稀奇。

除此之外，你还可以回想一下，你在试穿时是不是还穿了高跟鞋？你要知道，高跟鞋的威力非常之大，只要穿上去就会让你的背肌延展拉长。这样一来，就算扣除鞋跟的高度，你本身也会高上 2 厘米。

所以，请一定要记住，在服装店里试衣服时的你是被施了“魔法”的。当你回到家里再次试穿并检查衣服时，一定要保证你站在一面能映照出你全身的镜子前。此外，为了确保你能同时检查到新衣与鞋子搭配起来的效果，我建议你在脚边放一块小地毯。

06 必须知道自己站在哪里看起来更美

一个人看起来美不美，与灯光有很大的关系。灯光既能巧妙地隐藏我们的缺点，又能将它们全部暴露出来，可谓是一把双刃剑。

我们应该与光为友，为了得到它给我们带来的“福利”，现在让我们一起来列一份安全地带清单吧！为了取得珍贵的数据，我做了一项调查，整理了一下什么地方的光线能让我们看起来“闪闪发光”。我发现，在使用间接照明灯光和烛光的餐厅、酒吧，在朗日晴天下的滑雪场和滑冰场，以及在光线昏暗的水族馆和美术馆时，我们往往看起来会格外美丽。话说回来，在电影院里，我们看起来应该是最美丽的吧？在那样完全昏暗的环境下，屏幕的光线时时浮现在你的脸上，会让你的侧脸看上去带有一种朦胧的感觉。

让我们看起来更美的安全地带：

- 使用间接照明灯光和烛光的餐厅、酒吧。
- 朗日晴天下的滑雪场和滑冰场。
- 光线昏暗的水族馆和美术馆。
- 昏暗的电影院。

所以，如果再有人问你“这次假期你想去哪儿”的时候，你就从上面的安全地带清单里面选择一个回答他就好了。

如果出门不知道选什么穿搭的话，可以穿白色的上衣，再配上白色的胸花和珍珠项链（首饰叠搭效果更好）。在餐厅吃饭的时候，可以将白色的餐巾平展开来铺在腿上，来一个“白色总动员”，以求达到反光板的效果。

07 切勿踏入有损美貌的危险地带

既然有安全地带，那么就有与之相反的危险地带。例如，搭乘升降电梯时要迅速按下关门键，因为电梯里的光线往往很强。在餐厅吃饭时千万不要坐在射灯下面，要像玩抢座位游戏一样，在未被发现时就抢到有利的位置。

这些事情都是我在地铁中闭目养神时想到的。在危险地带里，你看上去会老 10 岁。因为从天花板上照射下来的荧光灯的强烈光线，会使你脸上的阴影显得更加突出，眼下的黑眼圈和脸颊上的松弛都会格外引人注意。切记，青白色的光会使你的皮肤暗淡无光。

餐厅一般会优先选择那些让食物看起来更美味的灯光，这对餐厅和顾客来说是十分重要的。但如果餐厅能钻研一下如何让用餐的顾客看起来更美的话，那么女性顾客们在用餐的时候就能心无旁骛，全身心地享受盘中美味了。

另一种环境是时尚酒吧的盥洗室里，这里的灯光通常都太暗了，在这里补妆比较困难。想象一下你仰着脸对着小小的化妆镜补涂口红的样子，实在算不上优雅。顾客往往并不需要漱口水、吸油纸之类的额外服务，但真心希望酒吧能在改善盥洗室的灯光上面多花点钱。

最后我还想多说一句，**女性朋友们一定要记住：“荧光灯周围只会聚集虫子，并不会聚集男性。”**因此，请务必留神，千万不要靠近荧光灯。

有损我们美貌的危险地带：

- 升降电梯里。
- 餐厅的射灯下面。
- 时尚酒吧的盥洗室里。

野宫老师画重点

1. **美人的房中密友：**镜子、棕榈油和老花镜。镜子可以供我们及时检查体态，棕榈油可以呵护全身的肌肤，老花镜可以让我们时刻保持优雅。

2. **美人的“自恋”秘诀：**运用“好莱坞镜”的灯光原理，在化妆前就调整好化妆镜和灯光，营造好化妆所需的环境，让面部细纹和松弛隐藏起来。

3. **精致美人的化妆法宝：**带有放大功能的化妆镜。放大3~5倍的化妆镜能轻松搞定眼线、睫毛膏、唇线这些细致的地方，但为了整个妆面的平衡，请在整个化妆过程中都使用放大化妆镜。

4. **让美人更美的安全地带：**使用间接照明灯光和烛光的餐厅、酒吧，朗日晴天下的滑雪场和滑冰场，光线昏暗的水族馆和美术馆，昏暗的电影院。

5. **有损美人美貌的危险地带：**升降电梯里，餐厅的射灯下面，时尚酒吧的盥洗室里。

第三章

从头到脚，变身时尚丽人

「おしゃれな人」には
今からなれる！

01 分分钟让你年轻 10 岁的 3 个“小心机”

如果你想随时随地看上去都朝气蓬勃、靓丽十足的话，那么你在关心时尚和美容的同时，还必须注意你的姿势、表情，以及给人的“清洁感”。

这 3 项中的任何一项都是可以通过个人努力来改善的。只要控制好这 3 点，就能让你看上去年轻 10 岁，并且还能让别人对你的好感度大幅提升。

反过来讲，如果你平时的言行举止没有注意到这 3 点的话，不管你的妆化得有多好，打扮得有多时髦，身上散发出的“大妈”气息也会难以掩饰。

每天靠墙站 10 分钟，拥有年轻好体态

当我们年岁渐长，肌肉也会跟着衰退。随之而来的是，我们的下巴会不自觉地向前伸，背也会逐渐驼起来，而这种体型恰好是老年人的体型。

如果你觉得自己太胖了，那么想要开始减肥之前，最好先矫正一下自己的形体。仅姿势正确这一项，就能让你看上去立马高出 2 厘米，腰细 5 厘米，胸围和臀围看起来也会标准许多。

如此一来，穿上衣服就会比弯腰驼背时美上数倍。

所谓正确的姿势，就是你靠墙站立，收回下颚，保持臀部、肩部、脚后跟、后脑勺均紧贴墙面的姿势。与此同时，骨盆也不可太过前倾，双肩尽量放松，自然下垂。从侧面来看，只要耳朵、肩膀与下垂的手腕同处于

一条直线上就是对的。

如果你觉得自己有弯腰驼背的迹象，请纠正自己的姿势，并将其养成一种习惯吧！

近年来，市面上出现了各种各样以保持优美形体为目的的内衣，用这些产品来保持优美体态也是非常不错的。穿上这类内衣后，身体会产生适度的“紧张感”。如此一来，我们就能随时注意保持正确的姿势了。

体态优美，能让一个人看起来富有自信，充满魅力。与此相应，周围的人、事、物也会给我们良好的反馈。长此以往，自然就能让我们逐渐真正自信起来。

所以，优美的体态，就是自信的体现。

爱笑的女人最美，也离幸福更近

无论我们的妆容多么精致，只要脸上的表情是阴郁的、愤怒的、寂寞的，看起来就不会漂亮。无论何时，我们都应该保持嘴角上扬，尤其是跟别人对视的时候，千万不要忘记微笑。即使在平淡无奇的日子里，也要寻找一些能使自己开心起来的小事。退一万步讲，就算没有能让你开心的事情，伪装出一个笑容也是 OK 的。

不夸张地说，保持微笑是让你成为理想女性的重要法宝。英语里有句话："Keep smiling，it takes 10 years off."（笑一笑，十年少。）讲的就是这个道理。

我有一位女性朋友，她年轻时的照片大多数都是没有什么表情的。但随着年龄的增长，她微笑的照片反而多了起来，最近更是笑容满面。她来日本的时候，我们碰了一次面，看到她我就觉得，笑容果然是提升个人魅力的好办法。她那种笑容拥有一种神奇的力量，能让围绕在她身边的人都感觉到幸福。看到她之后，我更加确信，笑容能使身心都变得年轻。

实际上，不只是微笑，**惊讶、困惑等表情不停变换，也是一种让人看起来年轻的办法。**人脸上的肌肉会随着年龄的增长而衰老，在这个年龄即便做一些比较夸张的表情，也会显得刚好合适（这种时候也就不要介意脸上的皱纹了）。

气质美人之路，从丰富的表情开始。要知道，表情完全能充当你脸部的造型。在各种表情之中，笑脸的年轻魔力是最强的，请务必记住这一点。

清洁感与好感成正比

30 岁以后，就算再怎么注意清洁，皮肤看上去也会因失去光泽而显得暗淡。因此，保养就变得尤为重要。由于年龄的增长，我们有时会觉得很多事情都懒得去做。即便如此，有一件事情也应该坚持做一辈子，那就是保持清洁感。

方法不用太麻烦，每天用简单的方法做好清洁即可，重点是一定要坚持每天都做。

身体的全方位都要保持清洁感，包括眉毛、头发、其他部位的毛发、脖子、眼睛、耳朵、口腔、鼻子、牙齿、皮肤、手指、指尖、手肘、膝盖、脚后跟，以及身体其他细微部位在内的地方，都要清洁到。

除了你的身体，你还要想一想你的所有物是否也能给人清洁感。

- 你的包和包里的东西，是否都干净整洁？
- 补妆粉盒里的粉扑，是否已经脏污不堪了？
- 鞋子是否摆放整齐了？
- 衣服，是否都洗得干干净净，又用熨斗熨得一丝不苟了？
- 裤子是不是已经变得老旧了？那变得劣质的布料和褪去的色彩，真的没关系吗？是不是还存在着褶皱、顽固污渍、毛球之类的问题呢？

如果你和我一样已经过了 50 岁，一定要定期检查这些需要注意的细节。一旦你对这些细节有所怠慢，看上去就会比想象中的更寒碜、更邋遢。

然而，只要你保持自身的清洁感，就肯定能获得别人的好感。

正确的姿势、生动的表情和随时保持的清洁感，是让你看起来朝气蓬勃的最基本法则，与此同时，这也是让你保持身心健康的基本方法。

因此，请你将这 3 项“基本”牢牢地放在心间，日日谨记，同时使用一点时尚技巧稍微打扮一下自己，你一定可以改头换面。

02 穿衣别过分在意身材，有整体感才是真的美

前些日子，我和一个与我同龄的女性朋友碰了个面。本是久别重逢的约会，见面前我非常期待和她一起出去逛街、喝下午茶。然而，当她带着满脸笑容出现在我面前时，我的脑海里不由自主地浮现出了一个问号。

她穿在身上的连衣裙是在我介绍的店里买的。那条连衣裙采用的是针织布料，休闲中略带一些正式感，可以说非常漂亮。米色与深蓝色相间的粗条纹，非常符合她那清秀的气质；及膝的长度也恰到好处地显示出了她那成熟女性的优雅。但她在连衣裙下居然穿了一条绿色

的烟管裤[1]！如果是紧身裤或者打底裤我倒还能理解，可如果是那种传统烟管裤的话，要想搭配好就相当需要技巧了。

因为都是相互知心的朋友，所以我毫无顾忌地提出了心中的疑问，结果她回答我："因为腿太粗了，不适合穿紧身的裤子，所以选择了烟管裤。"**本是为了隐藏让自己自卑的"粗腿"而选择了烟管裤，反而因奇怪的装束引来了更多瞩目。**

如果你要问她的腿是否真的粗到了无法见人的地步，我会告诉你，事实上并非如此。其实她的腿并不粗，就是正常人的平均水平而已。

然而，她本人太过在意这件事情，总是觉得"必须将自己的粗腿遮住"。过分在意反而会适得其反，让时髦变成了遗憾。

---

[1] 烟管裤：即小脚裤，裤型上宽下窄。

这也正是我想传达给大家的——**当你太过拘泥于自卑感时，往往会忽视整体的美感。**

如果你想要看起来时髦、漂亮、有品位的话，整体平衡是非常重要的。不要太花哨，也不要太朴素，不要做得太过分，也不要什么都不做。能拿捏好分寸、掌握好平衡的人，才是真的时髦、漂亮、有品位。

除此之外，我们还要客观地看待自己。**当我们抽身俯瞰自己的时候，能观察到一些“近距离”无法观察到的东西。养成这种观察习惯，能渐渐培养出整体的美感。**

话说回来，我给朋友指出了她的问题之后，她就在附近找了一家时装店，装作要买衣服的样子去试衣间脱掉了那条烟管裤。然后，我就开始陪她挑选显腿细的鞋子。因为我这个朋友不太穿得惯高跟鞋，所以我为她挑选了一双五六厘米高的米色系梭跟鞋。这双鞋不仅走起路来非常稳当，对腿部的拉伸效果也特别明显，穿上之后一直困扰着她的腿粗问题也迎刃而解了。如此一来，她中意的连衣裙一下子被衬得更加时髦起来。

不论是谁，都或多或少地有些自卑的地方。但如果太过关注它，甚至让它影响你的穿着打扮的话，你的装扮就会变得很奇怪，甚至最终可能会让你放弃享受时尚。如此一来，那就太令人遗憾了，不是吗？大家如果过分在意那些令自己自卑的地方的话，可以像我这位朋友一样，与自己信得过的朋友或者专业人士进行探讨，客观地看待那些地方。

就在那一天，我的朋友接受了我的建议和改造后，不仅穿着更加得体，就连心情也跟着轻快了起来呢。

03 觉得无衣可穿？通往时尚的大门正在为你开启

每当人生业已过半的我站在衣柜前时，总会禁不住在心里呐喊："我没有衣服穿了！"可是现实是，我的衣柜已经被各种各样的衣服（从高中时期购买的摇滚 T 恤，到上周新买的衣服）塞得毫无空隙了。

重要场合必定会穿的连衣裙也好，买的时候很喜欢、发誓会穿一辈子的套装也好，不久之前都穿得好好的，可不知不觉中却有什么东西变得不同了……我感觉到我和我的衣服之间产生了隔阂，为此我有些沮丧。

无论何时我都保持着年轻的心态，所以，自我认识中的自己比现实中的自己要年轻。可是当年龄的痕迹以溃堤之势袭来时，我也会因看到镜中现实的自己而惊愕万分。

与大家相比，我可能稍晚一些才发现现实中的真实自我，我想，这是由我的工作性质特殊导致的。即便造型师带来的是奇装异服，通过专业化妆师和摄影师施展的“魔法”，我也能超越年龄，将它们穿得无比妥帖。如此一来，我总是会错误地认识现实中的自己。

不过话说回来，我并不认为自己无衣可穿是件坏事。**如果你和我一样，总觉得自己“没有衣服穿了”，那我打心底里想跟你说一句“恭喜”，因为你已经打开了一扇通向时尚的大门。**我已经活了大半辈子，可以说已经经历了人世间大多数的事情。如今还能开启新的旅程，可以说是非常激动的。如果你也同我一样，那不如让我们一边感受开启第二人生的喜悦，一边快速行动起来吧！

这是一个让我们重新认识衣柜中的服装和现实中的自己的大好机会。

大家可以趁此机会，留下那些还可以用来搭配的衣服，将你觉得在设计感、尺寸、面料等方面有违和感的衣服统统扔掉！而手头上留下来的那些衣服，则可以好好研究一下它们的穿搭方法，用它们来打造出一个全新的你。

我在思考如何将手头已有的衣服搭配得更美的时候，心里会有一丝幸福感。因为我可以从中体会到“旧衣回春”的快乐，同时也期待着为这些旧衣服买一些新的饰品和鞋子，以便更好地搭配它们（擅长筹划安排，是女性与生俱来的能力之一）。

我们可以**将购买新衣看作衣柜和时尚的新陈代谢**，这与我们皮肤的新陈代谢异曲同工。

04 不适合自己的衣服，统统丢掉吧

在这里，列出我在这几年经过思考后认为的不适合我的衣服。虽然这不能放之四海而皆准，但我仍然想写出来。一来是用以自警，二来也想给大家提供一些参考。

圆领的衣服

穿圆领的衣服，通常都会给人留下一种清纯少女的印象，而我的脸与这类衣服本身的气质存在代沟，还是避开较为妥当。话虽如此，我在看岛田顺子女士的时装样本时，发现她穿着自己设计的白色圆领连衣裙，配一双高跟鞋，很是合身（而且裙子还是露出膝盖的迷你裙）。很多女性到了 70 岁之后，会在穿着打扮上为自己增加一些少女的可爱感，或许有一天，我也能像岛田顺子女士一样，再一次挑战可爱的圆领衣服。

洗褪色的 T 恤

只有高级的 T 恤才能越洗越有独特的质感和风格。以我如今这个年龄，如果不是高级品的话，我就只能穿成色比较新的或熨得一丝不苟的 T 恤了。多次洗涤之后的 T 恤穿在我身上会显得老旧。

为了给 T 恤增加高级感和整洁感，我们可以将它穿在夹克衫里面，或者是搭配一些饰品。

另外，在选择印有特殊信息、人物的 T 恤或摇滚风的 T 恤时，一定要谨慎。如果别人能感受到你敢于选择的意图和你的幽默感，那是 OK 的，但这往往需要一些技巧。

迷你裙

如果你对自己的腿足够自信，有将迷你裙与网纹丝袜搭配在一起的气魄，那也可以穿一穿。如果你想光腿穿的话，可能只有在海边比较合适。不过，如果是秋冬季节的话，不妨试试穿厚丝袜或者筒袜加靴子来搭配迷你裙。

热裤

小时候穿过热裤，但到现在这个年龄最好不要想着再穿一次试试了，那不会有半点儿好处。

雪地靴

如果你是滑雪爱好者，而穿雪地靴是为了滑雪时让双脚保持温暖的话，那是没有问题的。但如果已是成熟女性的你穿着它上街的话，就显得不是那么有品位了。毕竟好不容易才长大成人，难道还想再次变回“雪娃娃”吗？

吊带背心

在天气炎热的时候，穿一件吊带背心就出门，本人或许会觉得很凉快，但周围的人看见就只会不以为然。白皙的肌肤与骄阳烈焰并不相配。

紧身牛仔裤

紧身牛仔裤会将我下垂的臀部和肥胖的大腿一清二楚地暴露于人前。不仅如此，每当我坐下来的时候，腰间的赘肉就会显露无遗，这实在是一种让人不太舒服的体验。既然我并非一个受虐狂，还是不要去做这种贬损自己的事情才好。

其实不仅仅是紧身牛仔裤，其他紧身的衣服也是同一个道理。大家要记住，**如果穿衣服太过“合身”，那你看起来就和“苗条”越来越远了。**

破洞牛仔裤

关于破洞牛仔裤，相信就算我不做过多说明，大家也完全可以明白。

除了以上所列的几种衣服外，我认为以下这些物品也不太适合成熟女性：高领的衣服、有灯笼袖的衣服、长袖针织衫、褶皱的衣服、公主裙、A字裙、背带裤、发箍、锁骨链、丝带、针织帽、恨天高等。

总的来说，太具少女感的衣服、太过宽松的衣服、太过暴露的衣服，以及太过紧身的衣服，都不适合成熟女性。

就拿宽松的衣服来说，它之所以不太适合成熟女性，是因为与其材料有着很大的关系。如果是采用棉麻材料，其哑光质地会吸收失去弹性的肌肤上那仅有的光泽感。若是硬要穿这类衣服的话，请一定要搭配上闪亮的珠宝或具有光泽感的丝巾，以弥补肌肤上失去的光泽。

请大家也不要泄气，我要跟大家聊的并不是只有令人灰心的话题，喜讯当然也是必不可少的。比方说，到了如今这个年纪，我们终于适合穿戴华丽的单品了。

回想我们年轻的时候，如果穿戴太过闪耀的服饰，就会被别人怀疑自己的品位。但是，到了如今这个年岁，就算再怎么华丽的单品我们都可以穿戴得宜，并且能显得品位甚佳。

无论是皮草还是夸张的首饰，甚至是烈焰红唇，我们都能轻松驾驭。虽然日本有一种“年龄越大越要保守克制”的观念，但如果从时尚的角度来看的话，年龄越大反而越应该打扮得华丽一点才对。在法国和意大利，时尚的女士必会将“华丽”穿成“优雅”。

年轻的时候，追求时尚要做减法，而从现在开始，追求时尚就应该做加法了。

05 再试一次尘封已久的迷你裙

2015 年 9 月，我十分崇敬的作曲家村井邦彦举行了一场演唱会，以此迎接他的古稀之年。20 世纪 60 年代后期，日本的 Group Sounds[1] 正处于全盛期，村井邦彦就是在这时作为一名作曲家登上了音乐界的公众舞台，后来他又建立了 Alfa Records[2]。不仅如此，他还

[1] Group Sounds：在日本 20 世纪 60 年代后期出现的，以吉他演奏为主的、由数人组成的一类摇滚乐队，简称 GS。

[2] Alfa Records：日本唱片公司，如今已退出唱片、CD 制作领域，转型成为一家原版唱片管理公司。

是将Y. M. O[1]和松任谷由实推上成功舞台的幕后推手。在我的专辑里，也含有一支由村井邦彦先生作曲的名曲——《某日忽然》。

在那场演唱会上，许多由村井先生培养出来的、能为日本音乐史添彩的歌手纷纷前来，精彩至极。演唱会上，我也有幸接到了介绍松任谷由实女士的任务。

说到松任谷由实女士，真的是一个在作词和作曲方面都非常有天赋的人。进一步来讲，她是日本第一个将音乐与时尚结合起来，缔造出一种新音乐的人，说其拥有稀世的才能也不为过。

因此，当我在介绍她的时候，那种紧张感不言而喻。此外，能从舞台侧面欣赏这位泰斗级人物的表演，也让我觉得三生有幸。

---

[1] Y. M. O：全名Yellow Magic Orchestra，是由坂本龙一、西野晴臣和高桥幸宏组成的电子合成乐团。

参与演出的每一位嘉宾都是位分远高于我的前辈，这让已经年过半百的我，陡然间觉得自己变成了一个初出茅庐的孩子。当晚最年长的是已经年满 78 岁的雪村泉前辈，我与她阔别 14 年后重逢了。当初她参与过 Pizzicato Five 的最后一张专辑《在日本的那边》（2010 年）的制作，我们还拍了合影用在专辑的小册子里。那时我们都穿了整齐体面的裙子摆出各种造型，但我的姿势终究比不过从十几岁开始就以模特的身份活跃于圈内的雪村前辈。当晚年过七旬的雪村前辈看起来一点也不显老，依旧美丽大方。她的美丽中甚至还多添了一丝可爱。然而，真正令我震惊的是她在舞台后穿的私服。她当时一头短发，穿着超迷你的连衣裙，搭配一条网状丝袜，脚踩一双金色单鞋——那真是一双美丽的玉足！虽然十分失礼，但我还是忍不住一直盯着她看。

除了她的穿着之外，还有一点令我十分吃惊，那就是她作为专业歌手在举手投足间的姿态：在舞台上迈出脚步的一瞬间，她立刻变得身姿挺拔，她的歌声无论是节奏还是音高都十分完美，令人神往。

她作为职业歌手60多年的经历，以及在任何年龄都能尽情享受时尚的态度，给了我满满的希望和勇气。也令我更加确信，这才是对抗衰老的第一利器。

实际上，在参加这场演唱会的女艺术家中，还有两位非常适合迷你裙加网纹丝袜的打扮，一位是60多岁的松任谷由实，另一位是50多岁的越美晴[1]。

她们都将迷你裙穿出了符合自己年龄的风格。

她们有一个共通点，就是都知道自己有一双笔直的美腿，且知道如何将之完美地展现出来。另外，她们也都是发自内心去享受时尚的人。

你身上也一定蕴藏着让你在人前骄傲的美丽。请你试着去发现它，并将其当作自己的一个强项，大方地展

---

[1] 越美晴（1960—）：日本创作歌手。

示出来吧。

至于我本人，前面我也举例说明过，我并不适合迷你裙这种单品。因此这些年，除了在舞台上会穿之外，其他时候我基本上都将之“封印”起来了。因为我实在难以找到已经不再年轻的自己和迷你裙之间的平衡点。

不过，在看到这三位的迷你裙装扮之后，我觉得是时候研究一下和成熟女性相配的迷你裙了。看起来，网纹丝袜似乎是关键。

这么一说我倒是想起来，在 2015 年发行的那张收录了《某日忽然》的专辑——《世界需要爱》的封面上，我曾以超短裙搭配网纹丝袜的形象出现，大胆地露出了我的一双腿。那确凿无疑是我的腿，但我的脸一点都没有露出来。也幸亏如此，那张专辑的封面才好评如潮。

06 当黑色高领针织衫不再时髦

我年轻的时候很喜欢黑色高领针织衫，所以经常会穿。用它搭配上迷你裙或者背心裙，就是十足的崔姬[1]英伦风格；配上双排扣大衣和贝雷帽，又充满法国女郎的风情；和皮夹克搭在一起，就是摇滚范儿。用它仿佛能演绎出千般时尚，可以说是非常方便、百搭的一件单品。此外，黑色高领针织衫又能让人显脸小，

---

[1] 崔姬：Twiggy，英国女演员、模特、歌手，20 世纪 60 年代红极一时。

无论是谁穿上都有一种“九头身”的既视感，所以几乎人人都会穿。

然而，随着岁月的流逝，黑色高领针织衫对于已经不再年轻的我来说，已经成了一件要小心翼翼去对待的单品。年轻的时候，黑色高领针织衫对我来说大多时候都是加分项，但没想到，如今穿上它减分的时候也出乎意料得多。这是因为针织衫非常贴身，能显示出我们真正的体型。因此，当我穿上它的时候，身上的赘肉往往一览无余。

此外，虽然高领能遮住暴露年龄的颈纹，但如果领子太紧了，低头时就会显出双下巴。黑色这种深沉的颜色也会更加凸显你那不再利落清晰的下颚线条。

所以，对于年过 40 岁的女性来讲，选择针织衫时千万不要选择太过紧身的，选择高领衣服要选择颈部还留有一段空隙的。这样一来，身体的线条和下颚的线条就不会那么引人注意了。一定要谨记这两点。

在此基础上，如果你是长发的话，一定要让颈部周围保持干净清爽，再佩戴一副金色圆耳环，涂上正红色口红，就能让成熟女性的黑色高领针织衫立刻散发出时髦的光彩。

除了黑色高领针织衫外，A 字连衣裙、紧身牛仔裤等，也需要你在选择之前冷静地考虑清楚：这些年轻时穿上使人显得非常时尚的单品，是否能为如今的自己多添一分光彩？我曾为“它们任何年龄都能通用”这个想法而付出过“惨痛”代价。

年轻，自然具备什么衣服都能穿的本事。可一旦到了一定年龄，就应该具备能区分什么衣服能穿、什么衣服不能穿的智慧。**这种智慧，又被称为优雅。**

我以此自警，同时也在这里将之传达给姐妹们。

07 便装革命：把没什么机会穿出门的衣服当便装

现在有一种新的穿衣风格，叫作“1 千米着装”。所谓“1 千米着装”，就是介于居家服与外出服之间，到离自己家 1 千米的地方去时会穿的衣服。

如果去网上搜一搜，就能搜到很多穿着轻便、不太讲究的“1 千米着装”的女孩子们的照片。她们通常会用运动卫裤搭配开襟毛线衫，或是用低裆裤搭配宽大的 T 恤，脚上多半是蹬一双运动鞋，或者是凉鞋。现在的年轻人有很多时间和机会打扮得光鲜亮丽地出门，所以他们在家时就想穿得比较轻松自在一点。但这种装扮的轻松自在程度，至少是要能出门到附近的便利店。于是乎，在这样的习惯和趋势下，“1千米着装”这种新的穿衣风格便诞生了。

我在这里断言，对于已经不是小姑娘的我们来说，“1千米着装”这种风格不仅不是一种时尚，反而很可能会让我们看起来就只是一个邋遢的中年女性。所以，穿着这种衣服的时候千万不要出门。宽大的身体加上宽大的衣服，会把宽大的效果成倍放大。如此，“大妈感”只会直线上升。

这个年纪的我们，衣着光鲜出门的机会骤减，所以，**居家服与便装的轮换对于我们来说就是时尚的重心。**

那么，就让我们从便装开始“革命”吧！

首先，要明白“1千米着装”是只属于年轻人的风格。

其次，放弃居家服这个类别。早上一起床，立刻将睡衣换成便装。

我们这里说到的便装，是指那些已经穿旧了的连衣裙，或者作为礼物收到的 T 恤等，不喜欢穿的裙子和 T 恤除外。

重点是要提升便装的格调。我们要把仍然很珍视的那些外出穿的衣服当作便服来穿，当然，套装和礼服等另当别论。与其让这些没有什么机会被穿出门的衣服一直在衣柜中沉睡，还不如借助穿着便服的机会让它们多多亮相。

在平平无奇的日子里，我们也应该好好为自己想一身漂亮的穿搭，把首饰和其他小饰品也加上。不要拘泥于常规，自由地发挥你的想象吧，去享受这个过程才是最重要的。这样的话，你手边的衣服就都能重获新生了。你也能在这样一天天的锻炼中，自然而然地磨炼出自己的时尚品位。此外，如果平时穿着喜欢的衣服，为了不弄皱或者弄脏它们，你也不会轻易地躺在沙发上睡着了。

这样逐渐提升日常着装的水平，对自己的时尚感和时尚思维也是一种训练。所以，请不要在意他人的目光，尽管自由地去为了美丽而试错吧。

在日常生活中都不去好好收拾打扮的人，有事外出需要特别打扮时，也不可能将自己收拾得多么漂亮。这就和运动员平时不训练，到比赛时无论如何也不可能取得冠军是一个道理。

这，也与精心过好日常生活，时时珍视爱惜自己等信念密切相关。

日常着装的水平提升之后，穿上鞋，拎上包，无论几公里我们都能自信地迈出去。

08 衣柜“可视化”，让穿搭灵感源源不断

每当电话响起

我都心神难宁坐卧不安

夜幕就快要降临了

一定是约会的电话

我站在镜子面前手足无措

看啊

我瘦骨嶙峋

又没有美貌

更糟的是

我今天没有找到我新买的白色外套

像我这样的类型也还是有烦恼

似乎不能万事都顺利啊

这是20世纪90年代我所在的乐队Pizzicato Five的一首名为《万事顺利》的歌曲中的一小节。第一次唱这首歌的时候，我刚好30岁。

如今，像约会这种浪漫的事情当然变少了，但去参加时尚人士云集的宴会、喜欢的音乐家的演唱会等机会却增加了。每当这种时候，我还是会为了挑选裙子坐卧不安。虽然大多数时候是提前就准备好的，但有时也会因为太忙，临到约定日期才突然惊慌起来——“我没有想好要穿的衣服”“这个穿起来怎么感觉哪里不对劲”……即使《万事顺利》这支单曲至今已经推出了20多年，我到现在依然会遇到“找不到白色外套”的情况。

衣柜里的衣服堆积如山，被掩埋在底层的衣服不知何时能再见天日。换季整理衣柜时，我总能翻出被掩埋在衣服丛林中的那些已经变成“化石”的衣衫。每当这种时候，我都会感到惊讶：“原来我还有这种衣服吗？”这种情况令我十分困扰，而让这种情况变得愈发严重的，是我那随着年龄增长而衰退的记忆力。

买回来的衣服不去整理→看不见→遗忘→搭配时不再使用→再买新的→东西变多→堆进衣柜里→不去整理→看不见→遗忘……我不知不觉就陷入了这个怪圈，最终导致我衣柜里的衣服多得都快要溢出来了。

如果把衣柜换作冰箱的话，那么这个怪圈就成了：买回来的食物不去整理→看不见→遗忘→腐烂→丢弃（结果最后买回来的东西都白白浪费了）……食物如果腐烂的话，尚且可以将之丢弃。但是衣服并不会腐烂，因而实在不知道什么时候应该丢掉。不过仔细想想看，**衣服也和食物一样是有“保质期”的，它的“保质期”**

叫作“流行”。我们完全可以把穿旧了的、过时了的衣服当作它们已经腐烂了，然后丢掉。

如果衣柜里面总是乱糟糟的一团，那么你找想要的衣服时就会花费很多时间和精力。如此一来，可能很难完成理想中的搭配。所以说，衣柜凌乱对时髦地打扮自己也是一种损失。

从某种意义上说，看不见的东西就等同于不存在。

为了解决衣柜凌乱这个问题，我们要订立一个目标——让衣柜“可视化”。这个所谓“可视化”的最理想状态是让服装、首饰都摆放有序，让人一目了然。

那么，让我们先把鞋子和包从柜子里拿出来摆放整齐，然后把珠宝首饰和围巾什么的都挂在墙上。至于衣服，既可以折叠起来整齐地放在架子上，也可以用衣架好好挂起来。这样一来，一看就知道东西在哪里了。此外，用透明的亚克力箱子来收纳也很好。你也可以根据种类和颜色的不同来分别收纳。

这样让衣柜一目了然之后，入眼的信息就会骤然增多。**直观感受增强，新的穿搭灵感也会跟着迸发。**我想，我必须从现在开始一点一点地花时间让我的衣柜做到“可视化”。这对不擅长整理的我来说，也是一大难题。

除了以上方法，我还想再给大家分享一件我为了不忘记个人服装管理与穿搭而一直在践行的事情。

最近，应用市场上出现了很多关于个人服装管理和时尚穿搭的 App，我也在使用其中的一个。有时间的时候，我就利用这个 App **将家里的衣服做成应季的搭配，然后拍成照片保存起来**。在我睡懒觉的时候，或者是实在想不出来该怎么去搭配的时候，这些照片就非常有用。通过这些照片，我还能非常明确地知道哪些东西对我来说是必要的，以及我想买哪些东西。这些照片最好在季初就拍好备齐。

要把所有的单品都设计好穿搭并且拍成照片，着实是一件让人头昏脑涨的事情，这就需要我们清楚地知道我们手头有哪些时尚单品。不过，只要我们把已有的穿搭都拍完，以后再购置一些衣服和小物件之类的东西后，拍起照来就不用再那么费神了。

我的衣柜“可视化”行动的第一步，就是把长年压在瓦楞纸箱里的芭比娃娃、20 世纪 70 年代的 KISS（美国摇滚乐队）旧手办拿去装饰楼梯平台。这实在是一件让人开心的事情，因为我每次上楼的时候，都有一群芭比娃娃和 KISS 乐队的成员在那里迎接我。

我们所珍视的服装、首饰，还有喜爱的小物件、食器等，都要用起来才会有意义。

对我来说，断舍离之路实在很远，但至少我现在想做到让我手里的东西都“可视化”，我想被我喜爱的那些东西包围着生活下去。

我们死后能带走的唯有回忆，所以当我们活着的时候就应该尽量去穿自己喜欢的衣服，用自己喜欢的东西，制造令我们开心的回忆！

09 偶尔打开记忆的抽屉，穿出优雅复古风

“时尚是不断轮回的。”这数十年间，我亲眼见证了这一时尚定律。就像最近重新流行起来的、对年轻人来说很新鲜的 20 世纪 70 年代的风格，我已经经历过无数次了。因为已经实实在在地经历过那个年代，所以那些东西对我来说，就没什么新鲜之处了，剩下的只有深切的怀念。我在 20 世纪 70 年代里经历了小学、初中和高中这 3 个阶段，所以那个年代的时尚是最令我怀念的。

我在这种潮流的复兴中轻轻地打开了回忆的抽屉，并且沉浸其中。与此同时，我也轻轻地拉开了衣柜的抽

屉，想找一找自己手边是否有可利用的东西。幸而我在保存东西方面是一把好手，衣柜中至今还保留着几件当时的衣服，其中包括摇滚 T 恤、紧身牛仔裤和腰链，还有妈妈让给我穿的喇叭裤、西装套装等。摇滚 T 恤和腰链倒是还能作为搭配元素再次使用，但喇叭裤、西装套装和紧身牛仔裤还是作为回忆压在箱底、放在储藏室里比较好。

时尚如旋转楼梯一般重复着，然而，设计师在设计服装时，通常会从当下的时代中获取灵感，并将其融入新的设计。所以，很多衣服就算一瞥之下是一样的，但是它们在细节处，比如尺寸感或是轮廓上，已经有了微妙的不同。因此，即使说“旧时尚复兴”，但如果直接把以前的衣服拿来穿的话，只会让你变成一个“古人”。

千万要记住，无论流行再怎么穿越时空，你的脸和身体也是不会穿越的（不过，在万圣节的时候拿出来穿，说不定还是会非常受欢迎的）。然而，如果你一直

保持着能穿当时衣服的体型，那也是相当值得拍手称赞的事情。

就这一点来说，小物件与体型、体态的变化无甚关联，可以随意佩戴，对增加现今服装的时尚感来说仍大有益处。还保留着当时小配饰的姐妹们，就快快使用起来吧！记忆是我们宝贵的财富，我们没有必要对记忆进行一番断舍离。况且我们活得越长久，这笔财富就能积累得越多。从 20 世纪 60 年代开始，从我还是孩童的时候到现在，我依然清晰地记得每个时代流行的东西，我所穿过的衣服是什么样子。因此，只要是 20 世纪 60 年代后的潮流再次复兴，我就能打开记忆的抽屉，为自己添加属于自己的时尚味道。凭借与别人穿着的一点点不同，我就能造就自己的个性。

某项研究也表明，怀旧并不意味着倒退。**我们可以通过回忆往昔的美好来肯定自己，这样也能更加乐观地面对未来。**正如看到童年的照片和录像会感到温暖一样，我也想要好好地珍惜关于时尚的记忆。

请大家也和我一起打开回忆的抽屉，为自己现在的行头添上属于自己的个性。如此再选取新的潮流情报，成就属于你自己的时尚，并尽情地享受它吧！

如今，我对曾经未经历过的 20 世纪四五十年代的潮流也十分感兴趣。常会从奥黛丽·赫本、格蕾丝·凯莉的电影和写真集中汲取灵感，以“复古优雅”为名，尽情地享受一边充分发挥想象力，一边为自己搭配的快乐。这样还能为记忆的抽屉增加宝贵的财富，何乐而不为呢？正因如此，我觉得年岁的增加并不一定全是坏事。

10 跟着巴黎女人学时尚混搭

"Bon bon Bakabon Bakabon bon."

这首和着巴萨诺瓦风[1]的吉他旋律，充满耳语般的低吟浅唱，听起来时髦万分的法语歌，是法国女歌手橘儿[2]为动画片《天才傻鹏》[3]所唱的歌曲。在广告中听

---

[1] 巴萨诺瓦风：一种融合了巴西桑巴舞曲和美国酷派爵士的新爵士乐。

[2] 橘儿：Clementine，法国女歌手，成名于日本，三菱、丰田等知名企业都曾选用她的歌曲作为广告主题曲。

[3]《天才傻鹏》：由赤冢不二夫的漫画《天才傻鹏》改编而成的动画片。

过这首歌的人想必不少。

在 20 世纪 90 年代有不少涩谷系的音乐家为橘儿制作过唱片，因此，她还是一位巴黎风的涩谷系歌手。

我曾就“巴黎女郎的时尚”这个话题，向这位旅日法国女歌手讨教了一番。

她告诉我，她的时尚楷模是自己的母亲。

橘儿妈妈的衣柜里面收藏着各种各样的衣服，不仅有伊夫·圣洛朗[1]、桑丽卡·里基耶这类大品牌的服装，还有在连锁超市 Monoprix[2] 购买的较为便宜的衣服。她的妈妈品位很好，能将大牌服装和超市里买来的便宜衣服混搭得非常完美。巴黎女郎非常重视自然感，太过规整（意大利式时尚）、太过考究（英伦风格）的时尚风格，以及太过浓重的妆容，对她们来说都是

---

[1] 伊夫·圣洛朗：美妆品牌圣罗兰的创始人，被认为是 20 世纪法国最伟大的设计师之一。

[2] Monoprix：意为“不二价”，是法国最主要的零售连锁店。

不风雅的。只有自然、轻松、时髦而又不失品位，同时能让每个人的个性散发出光芒的打扮，才是属于巴黎女郎的时尚。

说实话，用高级品牌混搭便宜的单品，再搭配上从古着店和跳蚤市场精心淘来的饰品，以此来缔造自己的独属味道，是我最钟爱的时尚方式。

我对跳蚤市场的喜爱，可以追溯到 30 年前。某个休息日，我随便逛到了一个义卖活动现场，很惊喜地在一辆写着“全部 100 日元”的小货车上找到了一件我仰慕的音乐家（英国谁人乐队[1]的罗杰·多特里）的同款 T 恤。从此，我便爱上了跳蚤市场。那件 T 恤是罗杰在拍电影《冲破黑暗谷》的宣传手册时穿的，当时在日本并未公开发售过。

---

[1] 谁人乐队：The Who，英国摇滚乐队，成立于 1964 年，罗杰 • 多特里为其主唱。

很多时候，一件东西对他人来说不值一提，但对某些人来讲却是无价之宝。在跳蚤市场上，你就能享受到寻找这种无价之宝的乐趣，同时还能体验到与卖家讨价还价的乐趣。这些乐趣和你终于买到一件渴望已久的奢侈品的乐趣截然不同。你可以一边享受这些乐趣，一边培养自己的眼光。从跳蚤市场挑选到的这些衣服和小物件，终会成为你个性的一部分。

“巴黎女郎很时尚”几乎是公认的事实，但在我看来，时尚的只是巴黎的成熟女性。

如果像橘儿的妈妈一样，无论什么年纪都选择自己喜欢的东西，巧妙地为自己搭配，享受独属于自己的风格的话，那么你每天都会变得快乐。这种风格就是独属于你的时尚。

11 如何把老花镜戴出时尚感

早在数年前，我就发现自己已经不再年轻了。因为每当我拿到别人的名片，即使能正确读出别人的名字，也无法看清名片上的职位、头衔和住所等信息。为了看清这些信息，我要把名片举到离我很远的地方才行。当我举到手无法再往前伸长时，我知道是时候开始戴老花镜了。

视力的衰弱和肌肤、身体的衰老不同，肌肤与身体是在不知不觉中慢慢衰老的，对此我还可以抱着不愿承认的心态，就算看见了也装作没看到，从而让自己少一些痛苦。可当视力衰退到看东西都模糊不清的时候，即使无奈，我也只能老实承认自己已不再年轻了。

在我 2015 年的一场演唱会上，有一个环节是读一首诗。当我把一副旧式老花镜掏出来的时候，会场里响起了一小片笑声。我故意安排掏老花镜这个动作其实是有原因的，一方面是因为阅读小字真的需要戴老花镜；另一方面是因为我想让大家看到，**面对衰老所带来的问题，我们不应该一味地消极对待，即便是老花镜也可以戴出时尚感。**

在那场演出中，我身上穿的是极具 20 世纪 50 年代风格、像芭比娃娃一样的服装，而我的旧式老花镜就像首饰一样，和这套服装搭配得非常完美。

这么说来，芭比娃娃和我一样也不年轻了，她也入手了一副漂亮的老花镜吗？

不，没有，她永远 17 岁。

12 高档的东西，请依次购置

我们经常听到有人说“年纪越大越要穿高品质的东西”这类话。的确如此，当我们到了必须接受自己的肌肤已不再具有弹性、头发已不复往日的光泽、细纹和松弛显露无遗、体型体态也全然走样的年纪，我们至少可以用一些高品质的东西弥补我们所失去的，从而重获自信，也能提高我们自身的格调。

高品质的东西就像体贴的恋人，它们轻轻地靠近我们，在精神上给我们安全感。它们本身的质感和风格，能将我们衬托得分外好看。

实际上，之所以出现“到了容色迟暮之年，只能穿高档品”这个切实的问题，还有其他的原因。女性在更年期的激素变化会给身体带来一系列影响，例如皮肤会变得敏感，心情经常烦闷不快，身体容易燥热不适……这种时候，衣服的材质是否良好，穿起来是否舒适等问题就变得尤为重要。

我们年轻时会特别重视服装的色彩和设计，腈纶材质的毛衣可以随便穿而不会觉得不适。但若是现在这个年纪再穿的话，就会觉得很扎很痒，根本就穿不住，一定要换成山羊绒材质的才能放心穿。同样地，聚酯纤维的连衣裙会让我们热得无法长时间穿着，而真丝的裙子就能让皮肤自由呼吸；便宜的夹克衫也因做工粗糙而拿不出手，但高档的夹克衫就能很好地掩盖体型，使人显得挺拔。

可话又说回来，所有东西都买高档品显然不太现实。我们要先和自己的钱包商量一下，一件一件依次购买才是最聪明的做法，这对穿着打扮来说也有好处。

由于我们没有充足的财力支持我们想买什么就买什么，所以我们要想方设法地打磨自己的审美品位。我这么说并不是因为嘴硬，而是想让大家掌握合理安排金钱，将之用到打扮以外的其他地方，从而丰富我们人生的金钱哲学。

现在很容易买到便宜又时尚的衣服，就像快时尚的服装，如果你能搭配得好，一眼看上去也会非常时髦。因此，在这种时代，将谁都能一眼看出来是高质量的衣服混搭来穿，才是本事。

不要花大量金钱去买一件而且是唯一一件一年只会穿几次的好衣服，而要将这些钱花在日常使用频率比较高的衣服上，比如直接接触皮肤的毛衣、设计感和舒适度都非常好的鞋子等。

我觉得 Gucci 的乐福鞋就属于这种。我到现在为止已经买了很多双，它们在鞋柜里随时待命。除此之外，还需要一件好的大衣。至于包和饰品，则要将“贵重的”和“戴着玩的”分开购买、使用。

但是即使再好的东西，用得久了，它们的轮廓和外形也会发生变化。请记住，穿的次数越多就越会让服饰劣化，所以我们要定期检查自己的服饰，按需更换新品。

等这些东西在不知不觉中成了你的“经典款”，你的专属风格也就差不多完成了。

13 “大衣要买一件好的”，这句话意义重大

那么，是否穿上了高档的或者大牌的服装就时髦了？答案是并非如此。但穿上高档衣服确实能让人在很多场合里得到优待。当我去海外的时候，这种感受就尤为深刻。

去海外的时候，你从一个人的护照、着装和随身携带的东西上，就能大致判断出其身份的高低。日常起居、行为举止自是不用说，旅行包和手提箱也能反映出其主人的门第。这种“门第”的不同，自然也会导致待遇和服务的不同。

“大衣要买一件好的来备着”，这是以前一位住在意大利、年纪稍长于我的女性朋友告诉我的。大多数国外餐厅的入口附近都有物品寄存处，可以寄存大衣、随身携带的行李一类的东西。一般寄存好东西之后，服务员会领你去位置上就餐，而是否能坐到一个好的位置，往往就取决于大衣的好坏。

倒也没有其他的原因，只是因为他们从大衣的品质上就能判断出一个人的装束是否符合餐厅的氛围，判断出他是否对这家餐厅怀有尊敬之意。因而在这种时候，山羊绒等高级材质和高级的设计、大牌的标签就能发挥出它们的威力了。

大家一定都想在旅行地尽可能获得美好的体验吧？说得更通俗一点，就是想得到好处。比如说，在餐厅里吃饭能坐到更好的座位，在酒店里能得到更好的服务……

若想如此，着装就非常重要。虽说没必要全身上下都是名牌，但至少要尽可能做到让你的着装与你所去的场合相符，这一点是非常重要的。

着装能传达出尊敬之意，如果你穿着得体，对方想必也会给你相应的回应。

14 即使参加葬礼，也请用心装扮

在我这大半辈子中，让我觉得有些寂寞的是，我收到过的葬礼通知，远比我收到过的婚礼请柬多。

庆幸的是，我大多是提前收到的通知，还有余暇去考虑送别当日应该做何装扮。如果是突然之间的“别离”，那就只能匆匆忙忙，什么也顾不得地前去了。

如果可以的话，我当然希望丧服永远不要“出场”。但即便如此，如果一年不检查一次衣柜的话，到了紧急关头就会因为没有可穿的衣服而着急忙慌。比如说丧服已经过时了，又或者因为体型的变化而变得不合身了，这些都是有可能的。

如果是亲近的人去世，一定没有余裕的时间去装扮。因此，即便是丧服，也要提前准备一套符合自己风格的放在旁边，以备不时之需。

大家可能会说，在如此悲伤之际还要“装扮”，是否太不严肃、不庄重了？或许在这里用“装扮”这个词并不贴切，我想表达的是，**即便是穿丧服，也要注意仪容、仪表，这是对逝者应尽的礼仪。**

如果在百货商场的正装专柜找不到称心的衣服（我也是如此），不妨平日就从自己中意的品牌里留意一下有没有婚礼和葬礼都能穿的黑色套装。

我年轻的时候也没有什么钱，在突如其来的丧事面前，只能从衣柜里翻出一身黑色衣服，再配上黑色鞋子和黑色提包就去参加葬礼。这种做法在 20 多岁的时候是可以的，但如果到了 30 多岁，我还是建议准备一套专门出席葬礼的服装比较好。

我在参加亲戚或者同事的葬礼时，为了符合礼仪，通常都会穿正式的丧服。但如果是参加亲近的朋友、时尚界或者音乐界人士的葬礼，我一般会考虑穿非正式丧服的黑色服装，以此作为缅怀。如果参加服装设计师的葬礼，我就会穿他设计的黑色衣服。如果某位歌手生前以红唇著名，我就会涂上红唇前去参加她的葬礼。如果去参加我非常喜欢的国际模特的葬礼的话，我就会选择穿一套 20 世纪 50 年代风格的套装，搭配网纱礼帽和蕾丝手袋。之所以这样做，是因为我认为这样能表达我对逝者的思念，而逝者也一定会因此感到高兴（这样做一般会违反礼节，所以一定要提前取得逝者家属的同意）。

我知道，终有一天我也会迎来这样的日子，到那一天请大家不要拘泥于黑色服装，穿你最喜欢的衣服来就好了。如果大家都能打扮得非常出众地前来的话，对我来说将是莫大的欣慰。我会准备上好的寿司和香槟，等待你的到来。

野宫老师画重点

1. **美人体态修炼术：**靠墙站立，收回下颚，保持臀部、肩部、脚后跟、后脑勺均紧贴墙面的姿势，就是标准的美人站姿。与此同时，骨盆也不可太过前倾，双肩尽量放松，自然下垂。只要耳朵、肩膀与下垂的手腕同处于一条直线上就是对的。

2. **气质美人的表情管理：**微笑、惊讶、困惑等表情的变换能让女人看起来年轻，表情完全能充当脸部的造型。在各种表情之中，笑脸的年轻魔力是最强的。

3. **成为清爽美人要做到：**清洁眉毛、头发、其他部位的毛发、脖子、眼睛、耳朵、口腔、鼻子、牙齿、皮肤、手指、指尖、手肘、膝盖、脚后跟，以及身体其他细微部位。除了身体，还要保持所有物的清洁。

4. **自信美人的穿衣术：**从打造整体平衡感入手，不拘泥于让自己自卑的地方，并且通过与密友或专业人士的探讨，客观看待这些地方，塑造适合自己的时尚形象。

5. **美人的穿搭更新法：**在觉得无衣可穿时清理衣柜，丢掉在设计感、尺寸、面料等方面有违和感的衣服，思考如何把留下来的衣服搭配得更美，为旧衣服买新饰品和鞋子。

6. **成熟女性的四大穿衣雷区：**穿太具少女感的衣服、太过宽松的衣服、太过暴露的衣服，以及太过紧身的衣服。

7. 对于年过 40 岁的女性来讲，选择针织衫时千万不要选择太过紧身的，选择高领衣服要选择颈部还留有一段空隙的。

8. **时尚美人的日常磨炼法：**在平平无奇的日子里好好为自己想一身漂亮的穿搭，将首饰和其他小饰品也加上。不要拘泥于常情，自由地发挥想象，这样手边的衣服就都能重获新生了。在这样一天天的锻炼中，自然而然地磨炼出自己的时尚品位。

9. **“懒美人”的穿搭数据库：**利用关于个人服装管理和时尚穿搭的 App 将手里的衣服做成应季的搭配，然后拍成照片保存起来。在睡懒觉或者是实在想不出来该怎么去搭配的时候，这些照片就非常有用。通过这些照片，你就能非常明确地知道哪些东西是必要的，哪些东西是想买的。这些照片最好在季初就拍好备齐，建起穿搭数据库。

10. **美人的时空穿越术**：打开时尚记忆的抽屉，为现在的服饰添上属于自己的个性，再从当下的时代获取灵感，成就属于自己的时尚，穿出优雅复古风。

11. 在跳蚤市场上挑选宝贝的乐趣，和你终于买到一件渴望已久的奢侈品的乐趣截然不同。你可以一边享受这些乐趣，一边培养自己的眼光。你从跳蚤市场挑选到的这些衣服和小物件，终会成为你个性的一部分。

12. **气质美人的金钱哲学**：如果没有充足的财力支持我们想买什么就买什么，就要想方设法地打磨自己的审美品位，将钱花在日常使用频率比较高的衣服上。高品质的着装能传达出尊敬之意，如果你穿着得体，对方想必也会给你相应的回应。

赤い口紅があればいい

第四章

妆容的重点，是红唇与眉眼

メイクのポイントは
赤い口紅と目元。

01 眉毛决定美貌，改变眉形就变美

眉毛是影响脸部印象的重要部分。所谓“**能控制眉毛的人，就能控制美貌**”，只要眉形有所改变，就会越看越美。

然而，还是有很多女性因为眉毛而吃亏。有些人画眉时下手太重，就会显得非常不自然；另外一些人为了追求自然，完全不画眉毛，这样也无法成为美人。要在二者之间取得绝妙的平衡，就犹如实现理想一样困难。

眉毛也是最能反映流行趋势的一个部分。时尚界的潮流趋势一看裙子，二看眉毛。裙子会随着潮流的变化

而变长变短，眉毛则会随着潮流的变迁而变粗变细。

20 世纪 50 年代流行的是奥黛丽·赫本那种有角度的浓粗眉。到了 20 世纪 60 年代，崔姬那种画双层眼线、描粗下睫毛的眼妆开始流行，为了配合这种眼妆，细而淡的、存在感弱的眉毛又成了时尚主流。70 年代，在嬉皮士的影响下，人们崇尚自然的时尚与妆容，与此相应，眉毛也以自然为美。20 世纪 80 年代，日本《男女雇佣机会均等法》的颁布、经济泡沫的膨胀又让女性爱上了浓黑的、男性化的粗眉。而到了 20 世纪 90 年代，在超模热和辣妹装的影响下，细眉又再次开始流行。

进入 21 世纪后，睫毛膏和假睫毛又成了主流眼妆不可或缺的两样东西，女生们开始褪去自己眉毛的颜色，消除其存在感。从 2010 年开始，在粗眉热、偶像热的影响下，能撩动男人心、激起他们保护欲的“无辜眉”大行其道。可是到了 2016 年，流行的眉形又变成了粗平眉。

粗略地回顾一下，女性的眉形大致就经过了这些时尚变化。

当然，毫无例外的，我的眉形也是这样乘着流行的浪潮，一路不停变化过来的。不过，“无辜眉”流行的阶段被我跳过去了。很多年轻人应该都尝试过这种眉形，可是对于身体各个部位都在下垂的我来说，如果再故意在脸上添两道下垂线的话，实在是有些危险。况且就算没有男性的保护，我也能活得很好，撩汉这种事情，我还是用别的手段好了。

话虽如此，如果我没有眉毛的话，肯定所有男性都会对我敬而远之。就算我再怎么坚强，这种事情也未免让人觉得寂寞，无论是什么样的眉形，姑且还是先画一个吧。不过既然都煞费苦心地准备画眉了，我还是想画一个适合自己脸型的、又能抓住流行精髓的、有现代感的眉毛。

我听过不少类似“说起来倒是简单。如果可以的话，还是想尽量不劳神”的声音，对此我有如下建议。

关于眉形的管理，可以先交给专业人士看看。最近，出现了很多专门针对眉毛的沙龙，反正自己修眉容易失败，或者不会熟练使用修眉工具，还不如去找专业人士指导一下。对于眉毛，不管你再怎么想客观地看待它，也很难摆脱自己的主观臆断。如果能借专业人士之力修出一个理想的眉形，或许你就能摇身一变，成为一个美人。

将剪发、染发、脱毛和修眉等和毛发有关的美容事项，交给专业人士来做，才是聪明女人的选择。

02 45 度角，让眼睛看起来朝气蓬勃

对于奥黛丽·赫本、碧姬·芭铎、葛丽丝·凯莉、索菲娅·罗兰等 20 世纪 50 年代女星的眼线，你有憧憬过吗？

对于能瞬间放大眼角的猫眼眼线，不要只限于憧憬。现在，就是你去挑战它的时候！身体的各个部位会随着年龄的增长而下垂，这是重力法则，我们只能接受。但是我所说的“接受”，并不意味着“放弃”。

“下垂了就把它提上去”，虽然这在物理层面上做不到，但是我们可以利用视觉误差来实现。

为此，能用到的东西就都用起来吧！一点点化妆技术就能改变你给别人留下的印象，而且所耗的金钱、所冒的风险都远低于整形，既简单又安心，何乐而不为呢？岁月流逝所带来的脸部和肌肤的变化，是任何女性都无法逃避的现实，像“眼角下垂”“眼睛看起来变小了”“眼睑变重”等眼周问题尤其如此。为了解决这些问题，让眼睛看起来朝气蓬勃，恢复眼周的清晰轮廓就是一件很重要的事情。

画眼线就是一种有效的手段。当我们画好眼线之后，眼睛就会被强调突出，眼周的细纹和青影就会变得不那么明显。

猫眼眼线画成 30 度上扬是最好的，但眼睑下垂后，如果不睁大眼睛对着镜子好好确认过之后再画的话，就算心里想的是画成 30 度，也有可能出现不如愿或者是松弛的眼睑将画好的眼线遮住的情况。

解决这些问题的方法就是保持睁眼的状态画眼线，

并将眼线从 30 度上扬至 45 度。

这样做虽然有些太勇敢了，但只有如此，最终才能画出 30 度的眼线。眼线画得完美了，就可以假装一下自己是 20 世纪 50 年代的女星。所以，想要拥有年轻朝气，最重要的是让眼周轮廓清晰起来。

五官中的眼睛最能给人留下深刻的印象。现在就画好眼线，从中受益吧！

请记住口号：45 度角！

03 想要眼睛会说话，就要在睫毛下功夫

想给眼睛以灵魂，一在眼线，二在睫毛。

我们画睫毛的一般流程都是先将睫毛夹弯，然后涂上睫毛膏。然而实际上，不涂睫毛膏的女性远比我们想象的要多。在她们看来，“涂了睫毛膏会显得妆感很重，所以不是很喜欢”。

对自然妆容的追求是好的，但到了脸部所有线条都下垂的年纪，至少应该让睫毛翘起来。我已经不厌其烦地唠叨过很多次了，**“线条要往上走”，这是铁一般的法则。**

一开始，你可能会因为看不惯这样的睫毛而不知所措，但时间一长就会渐渐地习惯了。与此同时，你一定会听到周围的人对你说“你最近变美了啊”之类的话。

我相信很多人年轻的时候都非常喜欢睫毛膏，刷睫毛时也会拼命地刷，直到睫毛变得和羊栖菜[1]一样……我也曾这样做过，但如今已经不可能再这样做了。因为若是成熟女性将睫毛涂得像羊栖菜的话，一定会被质疑品位有问题。

因此，这种时候与其和睫毛膏较劲，还不如使用自然款的假睫毛。最近，市面上出现了各种各样的假睫毛，均能以合适的价格买到。不要觉得假睫毛是年轻人才会用的东西，请尽管放心地用起来吧。等你亲身试用了之后就会发现，假睫毛这种东西，其实更适合成熟女性。

我推荐大家使用眼尾假睫毛。只在眼尾部分、眼睛

---

[1] 羊栖菜：又名鹿尾菜，是一种藻类植物。

之上 2 毫米的地方贴上，这样就能让你的眼角看起来有所提升。不仅如此，贴上假睫毛之后还对原本因岁月流逝而下垂的眼睑有一定的提拉效果。假睫毛贴好之后，用眼线液笔填补真假睫毛之间的空隙部分，立刻就会变得自然起来。

人在对话交流的时候，都会注视对方的眼睛，所以眉眼给人留下的印象是最为深刻的。当别人把视线都集中到你的眉眼上时，面部其他部分的问题就能很好地隐藏起来，所以要多花心思在眼妆上。

所谓成熟女性的裸妆，并不是什么妆都不化，而是通过化妆去打造自然感。

04 无论年龄几何，都有与你相衬的粉色

我出道时发行的唱片是《粉色的心》，那已经是35年前的事了。我还记得在那张唱片（当时是黑胶唱片）的封面照片上，我涂的是当时流行的玫红色口红和腮红，头发是剪得很短的男士发型，穿着一条白色塑料材质的灯笼连体裤，下衬粉红色的打底丝袜，头上戴着粉红头箍，站在粉色的背景墙前摆了一个造型。

如今我再看这张照片时唯余苦笑，慨叹果然是一张20世纪80年代审美的唱片封面。

当时简介上的“喜欢的色彩”那一栏中，我填写的

当然是“粉色”无疑。

1990年，我成了Pizzicato Five乐队的第三代主唱，尝试过很多20世纪60年代的造型——双眼线、假睫毛、芭比粉口红等，可以说是当时的“经典款”了。虽然当时我已经30岁了，但是我仍然相信我的中心色就是粉色。

然而，当我步入40岁之后，粉色就变得不再适合我了。我总觉得再用粉色会给人一种装嫩的感觉，而且也会衬得我的气色不太好。

毫无疑问，这和我缓慢而又切实增长的年龄所带来的变化有关。

前些日子，我首次在活动上担任了主持人，活动方希望我能像去参加格莱美奖颁奖现场一样，身着华丽的礼服裙出席。

活动的主题色是蓝色，舞台布景也都以蓝色为主。为了和这个蓝色相衬，我选择了粉色的裙子，是单肩的、带有大褶边的20世纪80年代设计风格的礼服裙。化妆师又帮我做了一种和裙子相配的、符合当时潮流的细卷发造型。

因为是第一次担任主持人这么重要的角色，所以在整个做发型的过程中，我都一直埋头看台本，连看一眼镜子的闲暇都没有。就这样到了开场时间，工作人员来唤我们开场了。

在抬头准备出场的一瞬间，我在镜子中看到了做好发型的自己，那一刻我几乎要怀疑我的眼睛！镜子里映出的简直就是娱乐圈形影不离的夫妇——林家平和林家波子[1]中的波子嘛。我都禁不住要去寻找林家平先生了。

就是通过这件事情，我猛然明白了粉红色已经不再适合我了。我不得不因为年龄带来的变化而放弃我曾经

---

[1] 林家平和林家波子：日本一对喜剧演员夫妇。

钟爱的粉色，我失恋于粉色了。

不过话说回来，我并不是会因为这么一点事情而轻易放弃的人。只是在那种时候，我会运用我成人的理智去处理事情。

实际上，色彩中有一种叫作色调的东西。即便同是粉色，也有粉中带点青色的粉，或是粉中带点橘色的粉（粉橘色）。粉色有很多不同的种类，无论是谁，都可以找到适合自己的那一种。

不同肤色、不同年龄的人，都一定能找到与自己相配的颜色。要知道，老天是不会放弃任何人的。

因此，我要快点去挑战、尝试新的粉色，于是我选了一件深粉色的大衣。之所以会选这个颜色，是为了用鲜艳的颜色来掩饰年龄增长所带来的肌肤暗沉，同时让心情变得积极愉悦。在满大街都是黑灰色的冬日，如果能有一抹鲜艳的粉色映入眼帘，想必心情都会变得明快起来。

对于粉色患得患失的我，如果能因粉色而满心喜悦，那么不管这种粉色适不适合我，我都会觉得很好。

如今，我又再次爱上了粉色，并正穿着粉色。

05　红色，是成熟女性都该熟练使用的颜色

虽然我才和粉色建立了新的关系，但或许，把粉色让给年轻人，代之以红色，才是成熟女性的聪明选择。

我深信，红色是能将每个女性都装点得非常华丽的颜色，我尤其希望年龄稍长的女性能熟练地运用红色。

正如前面所提到的，我 40 岁之后就不再适合粉色的口红了，而当我用裸色的口红时，遇见我的人又多会问我：“你脸色看上去不太好，没事吧？”因此，步入 50 岁之后，我毫不犹豫地选择了正红色的口红。

“红唇＝优雅成熟的女性”是我从法国女郎那里学

到的。

将头发随意地挽起，然后用遮瑕膏遮住脸上的斑点和瑕疵，再涂上粉底，画好眉毛，最后涂上红色唇膏。只需简单的几步，就能让你看起来精致考究（注意，重点是不能全部都过于齐整）。

红唇能让脸看起来明亮而华美，相信我，“红色”是我们最可靠的伙伴。

没有体验过红唇，但是画过红色指甲的人也一定能明白我的意思。只用在指尖点缀一点红色，手部给人的感觉就会瞬间改变。在红色的映衬下，手指就正如书中所描述的一般“青葱纤细”。同时，指节与细纹也会神奇地变得不再那么显眼。同理，红色在脸上也会起到同样的作用。

你是否觉得脸和手的差别很大？或者担心涂红唇会显得嘴巴很突兀？如果是的话，请想一想，我们在人生中所经历的所有事情都有“第一次”，而经历过一次次的挑战之后，才成就了今天的你。

人生还在继续。我们不要“衰老”，要“成熟”，还能遇到这样激动人心的挑战，是我们的幸事。

请各位不要过虑，不断去迎接新的挑战，为成为成熟而具有魅力的女性放声高歌吧！红唇不必每天都涂。晚上休息的时候涂上润唇膏就足够了，而珊瑚色系、橘色系的口红能为我们带来新鲜感，白天涂一涂也是不错的选择。至于红色的口红，到你需要显示女性自身的存在感时再登场就可以了。

涂红唇远比穿高跟鞋要简单，所以不要一个月才涂一次红唇，至少一个星期就要涂一次。特别当晚上要出去时，或者是要和朋友聚餐时，请一定要以红唇出场。

另外，如果你一开始觉得很难驾驭显色度较高的红色口红的话，那就以质地比较水润的口红来作为开端吧。年龄稍长的女性，唇纹可能会比较深，嘴唇的轮廓也会变得较为模糊，而质地水润的口红则含油量较高，就像润唇膏一样，直接涂上去也不会有什么问题。这种唇膏多涂几层就会很显色，所以你可以根据自己喜欢的颜色深浅来做调整。

记住，最重要的还是让我们的眼睛去习惯“涂着红唇的、优雅的自己”。等习惯之后，你就可以开始尝试显色度高的红色口红了。

这种口红因为溢色较好，边界可能不容易涂得清晰，所以涂的时候一定要用唇线笔或唇刷将轮廓清晰地勾勒出来。当露齿微笑的时候，如果牙齿上粘着口红，是一件非常糟糕的事情。为了避免发生这种情况，当你涂好口红后，可以衔住食指再轻轻抽出来。这样食指可以带走多余的口红，你就不用担心口红再粘到牙齿上了。这是我一位“异装皇后”[1]朋友教我的秘密绝招。

除此之外，我还有一个从造型师那里学到的绝

---

[1] 异装皇后：指通过穿女性服装来扮演女性的男性。

招——**从两层的纸巾上撕下一层薄薄地盖在嘴唇上，再用粉扑取一点蜜粉轻轻地扑在上面，然后再涂一次口红。这样，口红的持妆度就会大大提高。**

即便都是红色，实际上也有很多种不同的红色。如果是20世纪20年代的“飞来波女郎”（Flapper，意即刚离巢会飞的雏鸟）风格[1]，那么与之相称的肯定是棕红色。如果是20世纪50年代好莱坞女星的风范，那么肯定就选朱红色这种经典的颜色。如果穿得很休闲简便的话，就可以选明快的红色。

不要认为红色就等于正式，休闲穿着也可以搭配红唇，这种搭配也同样可以使成熟女性具备时尚之妙味。

---

[1] 飞来波女郎：20世纪20年代的西方新一代女性。她们通常穿短裙、梳短发、听爵士乐，并且蔑视旧俗。

06 天然红唇，让你美得更加健康

最近，我的简介上又多了一个头衔——“歌手·植物疗法师”。所谓“植物疗法”是指运用植物的药理效果进行治疗的自然疗法。我们感冒时喝的葛藤汤这类的汉方药，也是植物疗法的一种。顾名思义，“植物疗法师”就是给出这类疗法使用建议的专家。

平时我们喝香草茶，会根据已知香草的效用来选择。例如想放松的时候会选择甘菊茶，想提神醒脑、恢复精神的时候会选择薄荷茶。这样的选择较为单一。与之相较，植物疗法专家会进一步学习这方面的专业知识，根据患者症状的不同，或混合多种香草让患者煎服，或通过精油按摩让患者经皮肤吸收药效，或通过芳香疗法给患者精神上的改善。

“饮、涂、嗅”是芳香疗法的基本方式。自古以来，欧洲人就善于利用植物本身所含的药理效果，借之提高人体本来的自愈能力，消除身体与皮肤的问题，强化人体预防机制。

过去人类生活在大自然中，被由丰饶的土地滋养起来的植物包围着，身心都非常健康。可现在我们生活在都市丛林中，很少能接触到大自然，身心承受着沉重压力的人越来越多。近来，追求“有机”成了热潮。与此热潮相应，人们为了减轻身心压力，开始在生活中使用饱含香草植物精华的精油。

我 30 多岁的时候为了兼顾家庭与事业，几乎没有什么空余时间。到了 40 多岁，我开始报复性地每天过着灯红酒绿的日子，抽烟、喝酒、熬夜，样样都来，和健康的生活方式相去甚远。

临近 50 岁，我迎来了更年期。这让我想去学点自然疗法来改善身体的不良状况，从而以轻松的状态度过这个特殊时期。于是，这就成了我开始学习植物疗法的契机。

下定决心后，我去了有“日本植物疗法第一人”之称的森田敦子老师的学校学了一年半医药课程，还参加了在巴黎的研修，最终顺利获得了毕业证书。然后，我就成了“歌手・植物疗法师”。

顺便提一句，对调理更年期内的身体非常有益的一种植物叫作“圣洁莓”[1]。这种植物可以促进雌性激素中一种叫作黄体酮的分泌。将“圣洁莓”作为花草茶日常冲泡饮用，可以补充人体在更年期减少分泌的黄体酮。我切身体会到，它真的可以减轻更年期特有的

---

[1] 圣洁莓：欧洲传统药草的一种，女性食用可以调节内分泌。

燥热感。

为了在日常生活中维持健康，我也会活用我所掌握的植物疗法知识。例如，谁有感冒的初期症状时，我就会让他喝紫锥菊茶；针对儿子的青春痘，我会用具有抗菌作用的薰衣草精油或茶树精油，给他制作化妆水和肥皂使用；而针对喜爱马拉松的丈夫的肌肉疼痛问题，我则会用冬青精油来给他按摩。自从运用植物疗法以来，我的家人几乎没怎么去过医院。

说起来，我给儿子制作的青春痘专用化妆水和肥皂还很受好评。因为口耳相传，连儿子的朋友都来找我下单。真的是野宫真贵特制的青春痘专用化妆水和肥皂哦！

因此，我干劲十足地为他的朋友们制作了很多。大家都因青春痘而烦恼，能帮到他们让我十分开心。

我也会给自己使用芳香疗法。在演唱会之前，为了缓解自身的紧张情绪，我通常会将几种精油混合在一起，然后在后台点燃熏香，以达到镇定身心的效果。

不生病是健康的根本指标，所以我觉得植物疗法的知识非常有用。

学习植物疗法的好处不仅在于掌握了一种新的知识，更在于掌握了“倾听自己身体”的方法。

你可以知道自己的身体是否超负荷了，营养是否均衡，吸收与排泄是否平衡，家人的身体状况如何了……在日常生活中就可以通过思考，运用自己掌握的植物疗法知识解决一些健康问题。

我们年轻的时候，免疫力和恢复力都很好，难免会勉强自己做一些事情。但当年龄大了之后，身体各部分的机能就开始衰退。到了这种时候，就应该学会避免暴饮暴食，了解自己的身体状态，做好适当的身体管理。我认为，这种理智也属于植物疗法。

我并不是“健康御宅族”[1]，我认为保持身体健康是为了享受人生。对我来说，口红和高跟鞋都是必需品，因为这两样东西能提升我的气质和气场。不过即便如此，如果身体不健康的话，也不能英姿飒爽地穿高跟鞋；心理不健康的话，也没有心情去涂口红了。所以说到底，“健康、美丽、快乐人生”才是我的理想追求。

2015年，我在与日本化妆品品牌MiMC合作出品的口红——Supple Rouge中，就用了植物疗法的概念。所以这款口红，是一款“越涂越健康，越涂越美丽”的口红。

我希望每位使用这款口红的女性，都能收到来自植物疗法师野宫真贵想要传达给她们的，追求“健康、美丽、快乐人生”的美好理念。

---

[1] 健康御宅族：这里指为了健康而不做一切看起来对健康“有害”的事的人。

07 有风华各异的女性，也有千变万化的红

你看过Jane Su[1]的个人随笔集《女性的盔甲》[2]吗？

对我个人来说，Jane Su是继关直美[3]之后，又一个给我带来极大冲击的专栏作家。且不说她自身的能言善辩、幽默风趣和超强的分析力，就是她在书中刻

[1]Jane Su：日本女作家、音乐制作人，探讨两性关系问题的专栏常见于《CREA》《VERY》等日本女性杂志。

[2]《女性的盔甲》：日文书名为《女の甲冑、着たり脱いだり毎日が戦なり》。

[3]关直美：日本知名版画家，日文笔名为ナンシー関。

画的那种以决不放弃的不屈精神挑战“世间女性的标准”，虽然屡战屡败，却且忧且喜的自我形象，就足够有魅力，足够吸引人了。她身为女性，最耀眼的地方，就是坚决不屈服。那些选择放弃的人，虽然不会输，但也绝对不会赢。

让我惊讶的是，在这本书中有关“口红”的内容里面，也提到过我出品的 Supple Rouge 口红。

她还在书中写道：“视野狭窄，以为红色就只有正红色一种，因而对诸多选择置之不顾的是我；觉得‘涂这种颜色的口红肯定会遭到笑话’，被过剩的自我意识所桎梏的也是我。如今我摆脱了自己的固执，灵活地去寻找真正适合自己的颜色，找到之后又循序渐进地使用，直到习惯为止……谢谢你，东横纲[1]

---

[1] 横纲：日本相扑运动员中的最高等级，此处用以比喻作者在口红界的地位。

（我在口红界被称为‘东横纲’。顺便介绍一下，‘西横纲’是今井美树）！正如女性一样，红色也是多种多样的呢！”

确实，正如 Jane Su 所说，红色也是多种多样的，只要找到适合你的红色就好了。

寻找适合自己的颜色就是在追求时尚，而找到了适合自己颜色的人就是“时尚人士”。

我出品口红就是想让大家发现这一点，所以请去寻找适合你自己的红色吧！此外，我做口红还有一个理由，那就是因为我是一名植物疗法师，所以常常想要一款对身体有益的口红。

有一种流行的说法是，“一个女人一生中会吃下 7 支口红”。从 3 岁时在七五三节[1]初试口红，而后长到

---

[1] 七五三节：日本传统节日的一种，在每年的 11 月 15 日。这一天，3 岁、5 岁的男孩与 3 岁、7 岁的女孩都会穿上传统的和服，跟着父母去神社参拜祈福，祈求健康成长。

一定的年龄每天都要涂口红，再到人生的最后一刻，因此才有“一个女人一生中会吃下 7 支口红”的说法。我们吃饭的时候其实也会不知不觉地将口红吞入体内，所以这种说法未必完全不可信。

一般的口红大多会添加从石油中提取加工的焦油色素和防氧化剂等化学物质。有报告显示，这样的口红会引发癌症。因为我一直很在意这件事，所以一直在寻找一款天然有机、可以放心使用的口红。但天然有机的化妆品通常显色度都不太高，所以我一直找不到理想的那一款口红。

就在这个时候，我遇到了 MiMC 这个天然有机化妆品品牌。在有幸见到了 MiMC 的创立者北岛寿女士后，我们聊了很多，在这个过程中我们两个人意气相投，于是便决定“一起研发一款有机的时尚口红”。经过多次开会商讨、制作样品、实际试用之后，这款天然有机、显色度佳的口红 Supple Rouge 终于出现在大家面前。

这款口红天然有机，所以就算吃进体内也绝对安全。除了这理所当然的一点，其中的成分也绝对出乎你的意料。这款口红里含有丰富的维生素 A、维生素 C、维生素 E 和橄榄油。此外，我还运用了自身的植物疗法知识，往里面添加了野葛藤。这种植物能调节女性体内的激素分泌，对女性身体大有益处。就这样，在“健康辅助品＋口红”这个想法下，一款以“越涂越美丽”为概念的 Supple Rouge 口红诞生了。

Supple Rouge 口红的质地非常轻薄，所以直接涂上嘴唇就很美。多涂几层，颜色就会变得更加饱和，脸也会显得更有气色，更具时尚感。

同时，这款口红有“Paris Red”和“Tokyo Red”两种颜色。Jane Su 和很多人都说，因为这两种红色而爱上了红唇。

多学一点时尚，就可以多一点自由。

看到享受时尚的人逐渐增多，我也感到非常开心。

野宫老师画重点

1. **美人的毛发管理关键：**能控制眉毛就能控制美貌，如果能借专业人士之力修出一个理想的眉形，或许你就能摇身一变，成为一个美人。剪发、染发、脱毛和修眉等和毛发有关的美容事项，交给专业人士来做，才是聪明女人的选择。

2. **美目传情的视觉误差法：**猫眼眼线画成 30 度上扬是最好的，但眼睑下垂后，很容易出现不如愿或者是松弛的眼睑将画好的眼线遮住的情况。解决这些问题的方法就是保持睁大眼睛的状态画眼线，并将眼线从 30 度上扬至 45 度。

3. **眼尾假睫毛的使用技巧：**在眼尾部分、眼睛之上 2 毫米的地方贴上，再用眼线液笔填补真假睫毛的空隙部分，使之变得自然起来，起到提拉眼睑的效果。

4. **粉红女郎的明艳魔法：**一定要选择适合自己肤色和年龄的色彩色调。即便同是粉色，也有粉中带点青色的粉，或是粉中带点橘色的粉。无论是谁，都可以找到适合自己的那一种。红色则是能把女人装点得非常华丽的颜色，越成熟的女性越适合。

5. **涂红色口红的秘诀：**将头发随意挽起，然后用遮瑕膏遮上住脸上的斑点和瑕疵，再涂上粉底，画好眉毛，最后涂上红色唇膏即可让妆容看起来精致考究。在需要显示女性存在感时涂红唇即可，珊瑚色系、橘色系的口红能带来新鲜感。涂显色度高的红色口红时，一定要用唇线笔或唇刷将轮廓清晰地勾勒出来。

6. **防止吃口红的妙招：**涂好口红后衔住食指再轻轻抽出来。这样食指可以带走多余的口红，防止它粘到牙齿上。

7. **提高口红持妆度的诀窍：**从两层的纸巾上撕下一层薄薄地盖在嘴唇上，再用粉扑取一点蜜粉轻轻地扑在上面，然后再涂一次口红。这样，口红的持妆度就会大大提高。

第五章

成为社交网络时代的写真美人

SNS時代の
写真美人とは？

01 照片一看光线、二看表情、三看自信

时常有人来拜托我和他们一起拍照。因为很多时候是同初次见面的人拍照，所以我一般不会错过仅有一次的同他们拍照的机会。即便这张照片未必会被永久保留在他们的相机里，我也想以较好的状态出现在照片里。

最近，这样的合照也屡屡在社交网络上传播。当我看到照片中自己的脸被加上标签时，实在是高兴不起来。如果可以的话，这种事情我不想再去经历了。

照片拍得好与坏，在于光线、表情、自信这三点。

关于“光线”，请一定不要站在会造成面部阴影的

射灯下面，要尽量选择光从正面照过来的地方。如果你所在的地方除了射灯以外没有其他光源的话，就算动作有点不自然，也要毫不犹豫地扬起下巴，让光都聚集在脸上。虽然这样的姿势看起来有点奇怪，但也好过看上去老 10 岁。

在室内的话，白炽灯要比荧光灯拍出来的效果好，但现在可以后期调色了，所以不用那么在意灯光。而在野外，如果是在日光直射的地方，则会被晃得睁不开眼睛，表情也很难做到位；光线太强的话，还会让好不容易化好的精致妆容花掉，所以要尽量移动到明亮的背阴处。同时要注意不要背光，否则拍出来的脸会很暗。

至于“表情”，则需要花时间多研究，多练习。首先，我想让你们研究的是自己的左脸还是右脸看起来比较好看。你可以从不同角度对着左右脸多拍几张照片，研究一下自己从哪个角度、用什么表情看起来最美。我自己是右边脸比较好看，所以拍照的时候我都会不经意地站到别人的右边去。

解决你所在意的细纹、法令纹和面部线条松弛等问题的方法只有一个，那就是笑！笑的重点是嘴角上扬到能看见上排 10 颗牙齿。如果你觉得自己拍照时已经笑得十分灿烂了，但下来看照片时依旧是一副无趣的表情的话，那就证明由年龄增长造成的面部肌肉衰退已经使你的嘴角下垂了。

微笑是最厉害的表情。它不仅能把你的细纹、法令纹和面部线条松弛等问题通通隐藏起来，还能令你熠熠生辉。有些女性或许会担心出现笑纹，希望微笑的时候，眉间、额头尽量不要有纹路出现，但是笑纹其实极富魅力，不用太过介怀。

如果有朋友笑起来会显得脸比较大，那可以试着将手贴在脸颊上。如果有眼镜之类的小道具就更好了，你可以将眼镜戴在脸上用以遮挡面部线条，这样就会让脸看起来更小。

当然，专业的模特会有她们独特的技巧，比如用眼睑用力做出眩晕的表情，以使眼睛显得细长；用臼齿咬住脸颊内侧的肉，从而让脸看起来比较小等。但这些方法的难度系数都太高了，还是让专业模特去做比较好。

说到我自己，只要我一面对镜头，就会条件反射般地做出既定的表情。正如我博客上展现的照片中那样，无论在什么样的情况下，我的表情都是千篇一律的。由此可以说，我在表情管理上已经达到了一种“炉火纯青”的地步。

我朋友看到这些照片时经常会开我玩笑，但因为我在大家相机里留下身影的机会只此一次，所以我才下此功夫。当然，有时候我也会“错失良机”，被大家拍到一些奇怪的表情。如果是这样，请大家一定要毫不犹豫地删掉那张照片。

最后，要成为写真美人还需要一个条件，那就是“自信”。

坚定的自信会给人带来灵气，所以，请以成为一个“灵气美人”为目标吧！时常对着自己念“我很漂亮”，那么你就会真的漂亮。

02 朋友圈中的美照，都用了这些拍照姿势

无论是多么年轻、多么漂亮的模特，都会特地为自己的商业照片修图，这已是人尽皆知的事了。

在宣传化妆品的广告照片上，更是连模特的一个毛孔也看不到。用修图软件消除脸上的皱纹和斑点是极为普遍的事情，除此之外还会和你想的一样：拉长身体调整整体平衡，削掉轮廓让脸看起来够小……在最极端的情况下，连妆都可以不化就去拍照，拍好了之后再用修图软件“补妆”。于是，不言而喻的，你在杂志、广告上看到的模特和演员都很漂亮！所以，不要盲目相信那

些经过润色的照片就是她们真正的样子。

国外的绯闻杂志之所以会那么受欢迎，就是因为大家看见了狗仔队拍摄的那些名人的真实照片，这些照片会让人安心地感叹“原来她也不是那么完美啊”。

模特、演员、音乐人等都是给人以美梦的职业。难道只有我认为，与其让大家看到充满生活感的现实照片，还不如让大家就通过润色之后的照片来做做梦更好吗？其实，在技术不发达的昭和时代，就已经开始手工修饰明星的照片了。

现在回忆起来，我记得最清楚的就是《平凡》《明星》这些杂志封面上艺人们明媚的笑脸，还有他们微笑时露出的大白牙。我小时候一直很向往那样洁白的牙齿，为了拥有那样的白牙，我每次刷牙都很卖力，为此还买了洁牙工具。现在想想，真是多亏了那些修饰过的照片。

最近，很多人会在社交网络上发布自己的照片，而市面上也充斥着各种各样的修图软件。将自己的照片修得美美的再上传，也成了时下的人之常态。

不过话说回来，目前还没有一款软件能修正人的姿势，所以拍照时，还是多多注意自己的姿势为好。

说到姿势，千万不要正对着照相机叉腿站立，而是要一只腿前伸半步，微侧着身体站立。这样拍摄到的身体面积就会相应减少，从而看上去比较显瘦。

拍照时最重要的还是体态，如果驼着背的话，看上去就会显老，所以绝对不可以弯腰驼背。记住，要挺胸抬头，仪容规整，以庄重的姿态来拍照。

双腿前后交叉可以掩盖 O 型腿或腿粗的缺点，如果腿粗的话，千万别把两条腿都露出来。双臂紧贴身体两侧会让你看起来比实际体型更胖，所以最好将双臂稍稍抬起，轻轻屈肘。

手背与脚背比你想象中更能突显年龄，似乎很多人的手背和脚背上都有明显的血管和细纹，而且非常干瘦。如果年纪已经不小的话，千万注意不要太过干瘦了。丰腴一点才能让你的皮肤看起来有张力，才会显得年轻。

一定要注意对双手的日常护理，平时要注意擦护手霜、防晒霜，打扫卫生的时候要注意戴橡胶手套等。同时也不要忘记经常去护理指甲，用戒指、手镯之类的饰品装饰双手，让双手焕发光彩。

将双手举过心脏，手背上的血管就会暂时消失。

有很多人会利用这个小技巧，在拍照前将双手举高并保持一段时间，到拍照的时候再将双手放下来。这样一来，手上的血管就看不见了。

这样的方法虽然不错，但如果你有眼镜这类小道具的话，拍照时就能自然而然地将双手置于比心脏高的位置，如此，手也可以保持在一个比较美的状态了。不过最可靠的还是微微屈肘，将双手背在身后，不要让人看见你的双手。

我非常介意双手的老化，所以很多时候会戴一副蕾丝手套以作搭配，此时，20 世纪 50 年代好莱坞女星的那种古典风格的手套就会比较适合我。

至于脚背，就尽量不要穿会让血管看起来很明显的鞋子吧。

另外，不管赤脚穿鞋再怎么时髦，35 岁以上的女性也最好用长筒袜将自己的脚全部裹起来。更何况，现在不是还有那种穿起来像是没穿一样的高透明度袜子吗？如果还是想赤脚穿鞋的话，也可以用 BB 霜给你的脚化个妆。我参加宴会的时候，就会用珠光粉底涂抹小腿和膝盖，以提高腿的光泽度。

03 让你用 10 年都不会后悔的护照拍摄大法

与上一次护照办理相隔 10 年后，我去办理了我的护照更新手续。

久违地翻开我的护照，我看见了自己 45 岁时的脸。虽然看起来并没有与年龄不符，但不知为何相貌凶恶，宛如一个女间谍，不过多少还是残留着一丝年轻的气息。

这次更新护照，我已经 55 岁了。想到下次更新时我就是 65 岁了，实在有点眩晕。到了 65 岁，我就越过“阿姨”阶段，进入“奶奶”那个阶段了，而我是否能活到那个时候还未可知。我已经更新了多回护照，在人生这条旅途上也已经走了很远。然而，沉浸在伤感的情绪中，就算再如何担心不可预见的未来也无济于事。不管怎样，拍一张未来10年都不会让自己后悔的证件照，才是我的当务之急。

为了制造反光板效果，我决定穿一身白上衣去拍照，而妆容则选择化一个精致的裸妆。因为要面对高清镜头，所以底妆一定要做到万无一失。为了隐藏轮廓线条已经不那么清晰的下巴，我决定把头发放下来。

一般在摄影店里，在快门按下的前一刻，还有最后一次调整的机会。为了整理好仪表，一定要记得带好随身的小镜子、梳子和发胶。我在做拍照前最后一次检查的时候，就清晰地看见了妆容也无法掩盖的法令纹。我记得10年前的我应该是没有法令纹的，这究竟是怎么一回事呢？

为了解决这个让我头痛的法令纹，我从化妆包里拿出来一样秘密武器。在这里，我可以偷偷地告诉大家，那就是医用胶带。我通常用这种胶带来擦化妆时被弄脏的细致部位，但它作为临时整形用的胶带似乎也同样有效。

方法是剪两条 5 厘米长的医用胶带，将它们贴在耳垂下方，然后使劲往上提拉并固定住。通过这种医用胶带，就能立即实现面部提拉的效果。

整理好一切之后，我告诉摄影师："已经准备好了。"他快速瞥了我一眼，对我提出了"嘴角再往上扬一点"的建议，同时指示我把白色反光板举到胸口的位置。

因为职业是歌手，我太知道反光板的作用了。说到此，这又是一段亦喜亦愁的往事。我对比了一下 10 年前和现在的护照照片——作战成功！相信在未来的 10 年里，我在任何时候翻开护照都不会觉得后悔了。

野宫老师
画重点

1. **拍照站位很重要：** 拍照时请一定不要站在会造成面部阴影的射灯下面，要尽量选择光线从正面照过来的地方。如果你所在的地方除了射灯以外没有其他光源的话，就要毫不犹豫地扬起下巴，让光都聚集在脸上。

2. **室内拍照须知：** 在室内拍照时，白炽灯要比荧光灯拍出来的效果好。而在野外，要尽量移动到明亮的背阴处。同时注意不要背光，否则拍出来的脸会很暗。

3. **拍照时的表情管理：** 从不同角度对着左右脸多拍几张照片，研究一下自己从哪个角度、用什么表情看起来最美。笑容可以解决你所在意的细纹、法令纹和面部线条松弛等问题。笑的重点是嘴角上扬到能看见上排 10 颗牙齿。不要担心出现笑纹，笑纹其实极富魅力。

4. **笑起来显脸小的“小心机”：** 如果笑起来会显得脸比较大，

那可以试着将手贴在脸颊上，或者通过戴眼镜来遮挡脸部线条，这样就会有让脸看起来更小的效果。

5. **拍照时的体态管理：**拍照时不要正对着照相机叉腿站立，要一只腿前伸半步，微侧着身体站立。这样拍摄到的身体面积就会相应减少，从而看上去比较显瘦。一定要挺胸抬头，切勿弯腰驼背。双腿前后交叉可以掩盖 O 型腿或腿粗的缺点。双臂紧贴身体两侧会让你看起来比实际体型更胖，所以最好将双臂稍稍抬起，轻轻屈肘。

6. **隐藏手背血管的“美人心机”：**将双手举过心脏，手背上的血管就会暂时消失。如果你有眼镜这类小道具的话，拍照时就能自然而然地将双手置于比心脏高的位置，这样手也可以保持在一个比较美的状态。不过最可靠的还是微微屈肘，将双手背在身后，不要让人看见你的双手。

7. **暂时消除法令纹的秘密武器：**医用胶带。剪两条 5 厘米长的医用胶带，将它们贴在耳垂下方，然后使劲往上提拉并固定住，从而立即实现面部提拉的效果。

第六章

通过发型打造完美第一印象

髪型が決める美人か否かの第一印象。

01 发型决定着你50% 的颜值

一个人想要“看起来好看”，到底需要哪些条件呢？天生的好容颜和化妆的力量自然不必多说，不过你肯定没有想到，颈部以上的毛发维护也是十分重要的（所谓“颈部以上的毛发”指的是头发、眉毛和睫毛）。

说到发型这种东西，它简直就像脸上的画框。

当我们把一幅画得马马虎虎的画放进一个优质画框里时，这幅画一下子就会变得格外好看。同理，当我们把一张长得还算不错的脸“放入”一个好看的发型时，这张脸看起来也会产生相得益彰的美。

实际上，我也有几位女性友人在改变了发型之后，变得格外富有魅力。名人中也有人因变换了发型而突然变得漂亮，从而改变了大家对他们的固有印象，人气骤然上升。

但是，让我们自己来选这个“画框”的话是很难的。有很多女性长年都不会改变自己的发型，因为她们觉得自己现在这个发型是最适合自己的，或是最能让自己安心的。对于女性来说，要将长发剪短是非常需要勇气的，即便她们知道就算剪失败了也会再长回原来的长度。此外，还有一个让她们不愿意剪短发的原因是，如果剪了，“你发生什么事了”这种问题就会纷至沓来。

我最近也换了一个新发型，毫不犹豫地将我的头发剪去了 15 厘米。虽然这 10 年间我也尝试过一些小的发型改变，比如剪一个刘海之类的，但到目前为止，我一直留的是长直发。作为歌手，我一直留着长发，因为头发没有一定长度是很难做不同造型的。

但说老实话，我其实是一个“发型难民”，就算我想换一个发型也不知道该如何是好。这10年间，我也换过三四家美发沙龙，但我每次去理发的时候，只要不强烈地表现出想换发型的意愿，发型师就不会积极主动地向我推荐可以改变的发型，于是我也就只能说：“那暂时就先这样吧……”

这样的情况持续了很多年，直到临近50岁的时候，我的发质发生了变化。尽管我长年在美发沙龙为我的头发做特殊护理，但它们还是渐渐失去了原来的弹性和光泽；洗头之后，就算用吹风机仔细地吹了头发，它们也还是会炸开，而不能柔顺地拢到一起。因此，我每次都会把头发拉直，再抹一些护发霜或发油之类的东西，以提高头发的光泽度。

直到某一天我恍然发现，我硬要去拉直的这头光泽满满的头发，作为一个画框，和它框住的这幅画——我已经不再年轻的容颜之间存在着多么大的差距，而我后面梳的垂髻完全就是在搪塞了事（但是据说垂髻有提升面部线条的作用）。

就在这时，我参加了一个与我一样诞生于 3 月份的女子会。这个女子会中大约有 10 位女性，而当中又有半数与我去的是同一家美发沙龙。有一次我们聚在一起兴奋地讨论了发型，大家都说“似乎今年剪波波头（一种比较厚重的短发）能提升运势”，我不由地也想去剪一个，于是当场就跟美发沙龙预约了发型师。

那家美发沙龙有着东京首屈一指的时尚品位和技术，所用的产品也都是天然有机的，所以很多时尚界人士和名人都会光顾，十分受欢迎。我其实很早之前就想去了，但是一直没有行动，这次终于借着准备开生日会的机会前去叩响了他家的大门。在告诉了发型师“我想剪成波波头”之后，我决定将接下来的一切事情都交给他。

在正式剪之前，我们进行了简单的沟通，最终确定了将头发剪到将触而未触肩膀的长度，然后将发尾稍微烫出一些弧度，为整个发型增加神韵。

其实我以前也烫过卷发，但是因为太失败了而留下了心理阴影。那时我就在心里暗暗发誓：“这辈子再也不烫头发了！”现在想起来，这已经是10年前的事了。而现在无论是烫发技术还是烫发剂都先进了很多，所以我可以听专业人士的意见，将这件事全权托付给他。结果令我非常满意，并且因为烫了的缘故，我吹起头发来格外轻松。

过去，我一直都把“年轻＝光泽感”这条公式运用到头发上，而今我才学会，用少量的发油简单打理过的头发才最适合现在的我。

如果没有这次契机，说不定我至今还抱着“随它吧”这种心情得过且过了。自从我果断地改变了自己的发型之后，“画框”中不再年轻的面容看起来也变得更加干练了，着装在发型的衬托下也变得更为时尚，打理头发也变得更为轻松。这样一来，不仅是我的女性朋友，连男性朋友也夸我“变可爱了”！

改变发型以后好事接踵而来，以至于让我有些后悔为什么没有早日将长发剪短。

在这里，我想告诉大家一个找到适合自己面容这幅画的好“画框”的办法——**去一家有品位的美发沙龙，然后将你的发型设计全权委托给发型师。**身为专业人士的发型师们，一定会为你提出最适合你的发型建议。

一旦发型改变了，气质也会跟着改变，妆容与穿着也会一并发生变化。

努力成为美丽时尚女性的捷径，就从找到好的“画框”——发型开始吧！

02 剪掉头发，重获新生

毋庸讳言，时下流行的发型并不适合所有人。根据脸型、年龄的不同，每个人都有适合自己的发型。

如果能找到适合自己的发型，那就不仅能掩盖自身的缺点，还可以摇身一变，成为时髦女郎。

就算只是自己动手稍微变换一下发型，也能多少改变一下自己给别人留下的印象。

● 试着反向分头发，逆着头发正常生长的方向分头发，发根会自然地立起来，这样可以为头发增加厚度。

- 增加发顶的厚度，这也能看起来显得年轻有朝气。
- 让后脑勺上的头发蓬起来，这样能让侧脸变得立体，从而达到“小脸”的效果。
- 将头发全部梳起来，把脸全部露出来，反而会弱化面部缺点。
- 梳起头发，戴一副夸张的大耳环，这样能演绎出不拘一格的时尚感。
- 为自己增添一些或利落或柔软的韵味，这样能让你看起来别具气质。
- 剪一个斜刘海，这样能遮盖住眉眼间的皱纹。

……

但是，自己整理发型有一定的局限。人生苦短，想要迅速找到适合你的发型，就要请专业的发型师来帮忙。一开始的时候，你可能无法一下子找到自己理想中的发型，但当你多去几次，逐渐和发型师建立起信赖关系之后，他就一定能让你的美貌彰显无遗。

改变发型或许需要很大的勇气，但如果你的发质不好、发型土气的话，即便你再怎么紧追时尚，看起来也不会时髦靓丽。

时尚是瞬息万变的，年龄的变化也会为我们带来改变，那么就让我们以一年一次的速度调整一下自己的发型吧！

改变发型之后，你再穿以前的衣服也会看起来具有新鲜感。这么看来，把钱花在发型上其实是一种更经济的做法。

改变发型不仅可以改变你给人留下的固有印象，也会让你的性格发生一定的变化。你会变得更加开朗，性感指数也会有所提升。

所以，与其继续苦苦追求新衣服和新妆容，还不如多去剪几次头发！每剪一次头发，女性都可以获得一次新生。

野宫老师画重点

1. **变身时尚美人的捷径：**发型就像脸上的一副画框，要为自己面容这幅“画”找到合适的“画框”，只需去一家有品位的美发沙龙，然后将你的发型设计全权委托给发型师。一旦发型改变了，气质也会跟着改变，妆容与穿着也会一并发生变化。

2. **美人发型小创意：**试着反向分头发，逆着头发正常生长的方向分头发；增加发顶厚度；让后脑勺上的头发蓬起来；将头发全部梳起来，把脸全部露出来；梳起头发，戴一副夸张的大耳环；剪一个斜刘海。

3. **改变发型妙处多：**穿上旧衣服也会有新鲜感，花钱改变发型其实更经济。改变发型不仅可以改变自己给人留下的固有印象，也会让自己变得更加开朗，提升性感指数。

赤い口紅があればいい

第七章

挑对内衣，提升胸围又舒适

バストも気持ちも上げる下着の効用。

01 遇到“魔女”之后，我才知道内衣的妙处

传说，伊势丹新宿店的内衣专柜有一位“魔女”，她就是内衣专柜礼宾部（专门负责帮你找到符合你期望的内衣）的松原满惠女士。

这位松原女士刚一退休，就因各位顾客的强烈要求而重新回到了岗位上。她用自己广博的知识和高超的穿衣技巧帮很多女性解决了困扰她们的胸部问题，让她们重展笑颜。她仿佛给女性的胸部和心灵施展了咒语，所以被大家称为“世界第一美胸魔女”。

很幸运的是，我在松原女士这位老手中的老手快要

退休的前一刻预约到了她的服务，请她指点我试穿内衣。

“女性一旦过了 35 岁，体型就会渐渐发生变化。届时胸部和臀部都会下垂，皮肤也会失去光泽。由于脂肪开始堆积，身上的肉就会变得松软，体型也就慢慢变得圆润。根据体型的变化，为自己选一套符合现状的内衣是很重要的。”

我心里明白这些是年龄变化带来的体型变化，但也很久没有量过自己身体的尺寸了，我知道这样下去肯定是不行的！因此，我带着很多疑问，在约定时间前去拜访了松原女士。

松原女士娇小可爱，我刚和她见面，她就委婉地问我：“你想要拥有什么样的胸型？”

我告诉她，和妆容与服饰的选择相同，在体型塑造方面，我不想看上去太过年轻，因此对我来说，平衡的状态才是最为理想的。

具体来讲就是，凹凸有致已经不适合现在的我了。

关于胸型，我是想要提升一点，但过分凸显这种事情就大可不必了。

至于内衣，我想要那种没有束缚感的、穿起来比较舒服的款式。此外，比起功能性很强的款式而言，我更喜欢装饰有蕾丝的、漂亮的类型。

专业的松原女士从我的穿着和气质里就察觉出了我的喜好，立刻从偌大的卖场里精心挑选出了一件件漂亮的内衣，拿到试衣间里给我试穿。我从试穿过的 20 件内衣里面选出了一件不会露出痕迹的无缝内衣、一件有宽肩带和底围的进口内衣，还有一件带有蕾丝花纹的、可以令人心情放松的内衣。

令我开心的是，在松原女士推荐给我的不同款式的内衣里面，有一些的设计和用色出乎我的意料，对我来说甚至还有些神奇。

她语重心长地对我说：**“请不要只与黑、白、米这 3 种颜色的内衣过一生，一定要享受一下缤纷的彩色。”**

她的话轻轻地点醒了我。因为职业的缘故，很多时候我都穿不会透出颜色来的米色内衣，所以对此已经习以为常了。我或许已经尝试了很多不同风格的服装，但在内衣方面，我一向还是比较保守的。

正如松原女士所言，试一试自己平时不会选择的东西能让人有意外的发现，还能激发自己的创造力。

经她这样一提醒，我觉得我的“内衣世界”一下子就变得丰富了。

据松原女士自己说，她在圣诞节、正月，以及参加脱口秀要在人前讲话的时候，就会穿上红色内衣为自己加油打气。这样看来，漂亮的内衣还会对心理产生积极的作用呢！

在试衣间里试穿内衣的时候，松原女士会用她带着白手套的手帮我把乳房拨进内衣里。可是我完全没有感觉到被她触碰了身体，她的动作真的像在施展魔法一样，这大概就是她被称为“魔女”的理由之一吧。

现在，我选到了适合自己的内衣，我觉得自己的胸挺拔了起来，心情也跟着变好了。我带着我的内衣和好心情，昂首阔步地离开了商场。

02 用功能性内衣塑造出好身段

在内衣的选择问题上，可以把女性分为两类。

这两类女性都很关心穿在外面的衣服，但是在内衣的选择上却大相径庭。一类女性对内衣的款式毫不在意，另一类女性则钟爱带有蕾丝的、色彩缤纷的内衣。

当然，选择的不同和经济能力也有关系，但有的女性在外套和内衣上的开销却不成正比。

但是，只要你穿过一次漂亮的内衣就会懂得，如果最先穿上身的衣服很美的话，你的心情也会跟着变好。当你再考虑在这件美丽的内衣外面穿什么衣服时，思维

和想象的空间都会变得更加开阔。

就算最后的服装搭配有一点点失败，可只要里面穿了漂亮的内衣，也不会损害你的心情（即使你的内衣穿起来不是为了给任何人看的）。

大家在与自己的恋人相见时，一定会穿着漂亮的内衣去吧？穿着漂亮内衣的身体会比没穿漂亮内衣的更美。即使最终会脱掉，效果也是不言而喻的。

那么，到了被恋人看到身体的机会越来越少的年纪应该怎么办呢？

实际上，女性到了这个年纪，不仅没有可以夸赞自己的恋人，同时还要面对各种各样的问题。

首先是年龄带来的身体变化。随着年龄的增长，大多数女性的胸部会下垂并且失去弹性。因为胸口部位变得瘦削，年轻时的内衣穿起来也会显得空荡荡的。由于胸线变得模糊，内衣还会时不时地滑上去。当身上的肉松弛之后，两边的副乳就会跟着跑出来。

不仅如此，皮肤也会变得容易干燥，穿着内衣的时候常会觉得很痒，有些时候甚至痒得想当场将内衣脱掉。

除此之外，还有其他地方感觉较年轻时有所变化。比如，一定有不少人因内衣太过束缚而感到不适。

既然已经有这么多的烦恼了，再穿年轻时的内衣当然是不行的了。

最近，市面上出现了很多能解决这些问题的功能性内衣。有能将下垂的胸部提拉起来的内衣；有使用天然有机棉花制作，穿起来不会发痒的内衣；有零束缚感的无钢圈内衣；有将钢圈包裹起来，不易勒痛人的内衣……还有一种穿轻薄针织衫时可以穿的塑身衣，它可以让你的背影看起来足够挺拔，穿起来不仅柔软舒适，还能将你身上的赘肉全都隐藏起来。

此外，不只是胸部问题，还有臀部问题有待解决。现在，市面上有销售具有提臀效果的紧身裤和添加了臀垫的短内裤。所以，要让现在的体型看起来接近年轻时的体态，也不是不可能的。

如果想把衣服穿得好看，那么这些功能性内衣就是不可或缺的伙伴。

不过，穿着这种功能性内衣的身体摸起来会很硬，所以不建议在约会的时候穿。

如果你像海外名媛一样，要裹着紧身的衣裙去走红毯的话，那么你可以穿能够调整全身的内衣。但如果无此计划的话，那就还是轻松一点好了。

不过话说回来，过分依赖功能性内衣也是一个值得思考的问题。

毕竟，舒适与优雅是很难两全的。

03 疏于胸部护理，让我后悔莫及

年龄的增长绝不是导致我胸部问题的唯一原因。由于我缺乏胸部护理的知识，所以一味地放任它下垂而不顾（各位，趁现在还来得及，我劝大家趁早行动）。

因而不知不觉中，我的胸就和连衣裙上胸的位置无法对上了。

我对这件事情的确认，发生在我 45 岁后受邀为某时尚大厦当模特的时候。当时拍摄的广告照片被用作海报，在那几个月的时间里一直被挂在大厦的墙壁上。我以客观的眼光看了那张海报，不禁感叹：“哎呀，原来我的胸已经下垂得这么严重了吗？”

为了拍摄时能轻松应对造型师准备的各种类型的服装，我特地贴了米色的胸贴。众所周知，胸贴只是轻轻地贴在胸上，并没有可以支撑起胸部的肩带。穿露肩装和露背装的时候，胸贴无疑会派上用场。穿低胸装的时候也可以用，只要把胸贴分开，再倒过来贴就可以了，使用起来非常方便。

那天拍照的时候，我也像往常一样轻轻地贴上了胸贴，结果就如那张海报上看到的一样，以至于海报挂在大厦墙上的那段时间里，我觉得非常羞耻。不要说进那家大厦了，就连从海报前经过我都万分煎熬。

为了不让大家误解，我在这里要先说一句，我胸部的问题绝非胸贴之过。在摄影和开演唱会的时候，它们已经帮过我很多次了，错的是我自己。由于贪图胸贴的轻便，即使在没有必要贴胸贴的日常，我也每天都贴着它们。

女性的乳房是没有肌肉组织的，所以无法得到锻炼。因此，一旦下垂，就再也无法恢复到以前的状态了。

令我后悔的是，在 2002 年胸贴正式上市前，我从来都没有好好护理过我的胸部。因此，我想在这里好好地讲一下我的“胸部下垂史”。

我在 21 岁刚出道的时候，几乎每天都不穿内衣。但因为那个时候年轻，胸部有十足的弹性，所以即便不穿内衣也无损穿衣的轮廓。我不仅日常不穿内衣，就连摄影和上台时也不穿。后来我渐渐开始穿内衣，但因为肩膀酸痛，加上我想尝试各种不同设计的衣服，所以长年都穿没有肩带的内衣。

随后，20 世纪 90 年代初，“神奇胸罩”（一种上托式胸罩）爆红。我迅速购买了一件刚从国外引进的内衣，第一次品尝到了“胸中有沟壑”的喜悦，那时我们姐妹之间还会互相打量。

如果我就这样坚持穿上托式内衣的话，也许悲剧就不会发生了。2002 年胸贴上市了，这种东西太方便了，它不会对大露背装和其他外衣造成任何影响，所以我在日常生活中和上舞台的时候都很爱用。这样做的结果，也正如各位所想象的。

因为年轻时的这个习惯，我现在再怎么挣扎也没用了。因此，当需要穿能显露身体线条的衣服时，我都会借能给身体“化妆”的功能性内衣之力。无论在什么样的非常时刻，我都有对策来应付。

不过，对于还能再“挣扎”一下的人来说，我还是想奉劝她们及时做好胸部护理。大家可以试试下面这些方法：

- 穿适合自己胸部的内衣，你可以到内衣专柜请专业人士为你挑选。
- 晚上睡觉时也要穿上夜间专用内衣，它能在胸部容易走形的睡眠时分，帮你维持胸型。

● **涂抹胸部专用的乳霜，我推荐有机的胸部天然凝胶。**

在此，我将为大家的奋斗而祝祷。

那么，对像我这样奋斗无果的朋友来说，在没有必要使用功能性内衣的日常里，就用空闲时间来借鉴一下法式“性感思维”吧！

法国人对于性感的看法和日本人略有不同。在法国，被认为性感的不仅仅是年轻女性鲜活的肉体，上了年纪的成熟女性那稍微走形的身体，也被认为是充满魅力的。因为在法国人眼里，成熟之物也是十分性感的。

然而，这里是日本。我不知晓法国人的这种想法在这里能被认同几分，但我现在决定不去在意这件事情了。我决定随心所欲，将衬衣的纽扣再多解开一颗，露出包裹着我胸部的精致蕾丝。这种性感是自然的，而不是我“硬撑”起来的。

这种毫不经意的性感是成熟女性所独有的，小女孩无论如何也学不来。

能证明这一点的是歌手简·柏金[1]，这也是她教会我的。**如何从衬衣领口透出性感已经成为一门艺术**，而她本人就是美丽的楷模。

---

[1] 简·柏金：Jane Birkin，定居法国的英国女艺人、歌手、导演。

野宫老师画重点

1. **内衣的塑形魔法：**女性一旦过了 35 岁，胸部和臀部都会下垂，皮肤也会失去光泽。由于脂肪开始堆积，身上的肌肉就会变得松软，体型会慢慢变得圆润。只要根据体型的变化，为自己选一套符合现状的内衣，就能塑造出自己想要的胸型，从而与妆容和服饰相得益彰。

2. **内衣之美在于色彩：**不要只与黑、白、米这三种颜色的内衣过一生，一定要享受一下缤纷的彩色。试一试自己平时不会选择的颜色能让人有意外的发现，还能激发创造力。

3. **漂亮内衣的神奇之处：**如果最先穿上身的衣服很美的话，心情也会跟着变好。当你再考虑在这件美丽的内衣外面穿什么衣服时，思维和想象的空间都会变得更加开阔。即使最后的服装搭配有一点点失败，也不会损害好心情。

4. **功能性内衣面面观：**有能将下垂的胸部提拉起来的内衣；

有使用天然有机棉花制作，穿起来不会发痒的内衣；有没有束缚感的无钢圈内衣；还有将钢圈包裹起来，不易勒痛人的内衣等。具有提臀效果的紧身裤和添加了臀垫的短内裤，也是能让体态尽显年轻的一类功能性内衣。如果要裹着紧身衣裙走红毯的话，还有能调整全身的内衣可供选择。

5. **胸贴的使用小技巧：**胸贴只是轻轻地贴在胸上，并没有可以支撑起胸部的肩带。穿露肩装和露背装的时候，胸贴无疑会派上用场。穿低胸装的时候也可以用，只要把胸贴分开，再倒过来贴就可以了，使用起来非常方便。但不要过分贪图胸贴的轻便，从而疏于胸部护理。

6. **美人的胸部护理攻略：**到内衣专柜请专业人士挑选适合自己胸部的内衣；晚上睡觉时也要穿上夜间专用内衣；涂抹胸部专用的乳霜，有机的胸部天然凝胶是首选。

第八章

穿上高跟鞋，尽显女人味

ハイヒールが大人の
女性を演出する。

01 放弃高跟鞋，等于放弃了作为女性的乐趣

高跟鞋，是让成熟女性演绎出女性韵味的不能缺少的单品。

高跟鞋能让女性的双腿看起来更美，体态更挺拔，同时能调整全身的平衡，让你给人的时尚感骤增。

较之其他单品，高跟鞋最能提升我们的女性意识，让我们充满自信。

一定有很多女性想试一下好处多多的高跟鞋，但却因为害怕疼痛和辛苦，对它望而却步。不可否认，一双高跟鞋不可能同时具备实用性、舒适度和美感。

但如果就这样放弃高跟鞋的话，那就等同于放弃了作为女性的乐趣。

放心吧！高跟鞋不必每天都穿，只要到需要展现你女性存在感的时候，再让高跟鞋登场就可以了，即使这种时候每个月仅有一次也是 OK 的。

重要的是，不要轻易放弃高跟鞋，要坚持对时尚的追求。

在这里，我想告诉大家这样几点：

- **与其花钱买几双便宜的高跟鞋，不如用这些钱买一双好的高跟鞋。这样是为了防止去高级日本料理店时脱鞋出丑，而且便宜的鞋子会很磨脚。**
- **一定要熟知自己的脚型，在挑选鞋子时谨慎试穿，以此找到适合自己脚型的鞋子。如果找到了合适的鞋子，那就多眷顾一下这双鞋的牌子。买设计简单的鞋子时，除了黑色和米色这两种基础百搭**

色之外，再多买一双像红色这种颜色鲜艳的吧！这双鞋可以作为穿搭时的点睛之笔。买了这 3 种颜色的鞋子后就不用再买其他的了，这其实是很聪明的购物法。

- 这一点可能和上一点有些矛盾，但得承认大多数高跟鞋的舒适度与美感都难以并存。如果太过追求舒适度而买自己不喜欢的鞋子的话，就没有什么意义了。因此，我们偶尔也要抛掉实用性，以鞋子的设计感为重。
- 我建议不习惯穿高跟鞋的朋友在尝试浅口高跟鞋前，先试一试带鞋袢的高跟鞋。鞋袢可以固定住双脚，穿起来比较有安全感，不用担心鞋子会掉。这样一来，让你担心的事情就少一件了。
- 如果是新买的高跟鞋，千万不要立刻就穿着去参加宴会。否则当有不错的男性跟你打招呼时，你可能会满脑子想着“脚太痛了，真想早点回去”，从而白白错过了千载难逢的机会。记住，正式穿它出场之前是需要彩排的。在你有空的时候，可以穿着它出去吃晚饭，或者去美容院，一定要实际穿出去走走才行。此外，你还要时刻注意检查你投在橱窗玻璃上的影子，看看你的膝盖是否弯曲，你走路的姿态是否好看……这样你就能慢慢地习惯这双鞋子，从而让它成为你自己的东西了。

- 如果彩排中发现什么问题的话，可以垫鞋垫，或者在鞋子上贴防滑硅胶以作调整。在鞋底贴上橡胶，可以减缓走路时鞋子对脚的冲击，同时还可以保护鞋子，延长鞋子的寿命。最近，市面上还有卖克里斯提·鲁布托红鞋底的，也不妨可以试试！

涂上口红，穿上高跟鞋，万事俱备！现在，让我们去出席宴会吧！

02 特别的高跟鞋，不穿也能拿来欣赏

我曾问以前为我设计过一双特别的高跟鞋（镶嵌了钻石，价值380万日元[1]）的意大利设计师朱塞佩·萨诺第："高跟鞋的设计和上脚的感觉之间有什么关系呢？"

他当时是这样回答我的："有时我设计高跟鞋的时候，会在脑海中想象一位女性单手拎着一双高跟鞋，在白色的沙滩上漫步的画面。当我产生这样的想象时，也

[1] 380万日元：现约合24万人民币。

就能设计出好看的鞋子了。”

他的回答意思很明确，是说设计师在设计鞋子的过程中，不一定会设定这双鞋子是用来走路的。

朱塞佩·萨诺第设计的鞋子也深受许多好莱坞女星的追捧，而那些鞋子或许就是专门为女星们在男士的守护下走红毯的那几分钟设计的。

不过，**即使你没有走红毯的幸运机会，也有拥有美丽高跟鞋的自由。**

我们可以为自己买一双高跟鞋作为艺术品珍藏起来，这也是一件充满乐趣的事情。

这样特别的高跟鞋，就算只拿来欣赏也能让人沉浸在幸福中。当然，偶尔你也可以穿上脚试试，享受那份独属于自己的快乐。

高跟鞋，真的是能让你尽显女人味的伟大发明。

野宫老师画重点

1. **性感美人的双刃剑：** 高跟鞋。它能让女性的双腿看起来更美，体态更挺拔，同时能调整全身的平衡，时尚感骤增。但一双高跟鞋不可能同时具备实用性、舒适度和美感。如果就这样放弃高跟鞋的话，那就等同于放弃了作为女性的乐趣。

2. **高跟鞋的挑选攻略：** 与其花钱买几双便宜的高跟鞋，不如用这些钱买一双好的高跟鞋；一定要熟知自己的脚型，在挑选鞋子时谨慎试穿，以此找到适合自己脚型的鞋子。如果找到了合适的鞋子，那就多眷顾一下这双鞋的牌子；设计简单的黑色、米色和红色高跟鞋可以各买一双；偶尔抛掉实用性，以鞋子的设计感为重。

3. **与高跟鞋磨合的秘诀：** 在尝试浅口高跟鞋前，先试一试带鞋袢的高跟鞋，不用担心鞋子会掉下来。如果是新买的高跟鞋，千万不要立刻就穿着去参加宴会，可以先穿着它出去吃晚饭，或者去美容院，并且时刻检查自己投在橱窗玻璃上的影子，看看膝盖是否弯曲，走路姿态是否好看，从而慢慢习惯它。在鞋底贴上橡胶，可以减缓走路时鞋子对脚的冲击，同时还可以保护鞋子，延长鞋子的寿命。

第九章

体重从21岁开始就维持不变的秘密

若い頃から変わらないと思われる
カラダづくり。

01 没时间去健身房？唱歌和走路也能让你瘦

"你日常有做一些保持体型的事情吗？"

至今为止，我已经不知道被人问过多少次这种问题了。每到这种时候，我都会脱口而出："没有啊。"问这个问题的人必定会报以老套的回应："真的什么都没做吗？不会吧，你肯定做了很多努力吧？"

没能给出提问者想要的回答，我实在感到抱歉。可我确实没有做什么特别的事情来维持体型，所以只能如此回答了。

严格说起来，如果你要问我是否维持住了以前的体型的话，答案也是“没有”。

诚然，我现在的体重较之于 21 岁刚出道的时候是没有太大的变化，但是体型却和以前大相径庭。身为这具躯体的主人，我再清楚不过了。

我体型的变化很多，比如胸口瘦削、胸部和臀部下垂、腰部脂肪堆积、膝盖和手肘肌肉松弛、脖子上也是一圈圈的颈纹……哎呀，这个就说到这里吧！谈到这些事情，任谁都高兴不起来。

尽管我的身体有那么一箩筐的问题，还是屡次被人问到是否在特意维持体型。实际上，我并没有做过特别的肌肉训练或节食，如果这样大家还觉得我身材保持得不错的话，那我真的觉得万分幸运。

那么，让我自问自答、自我思考一下。

“为了让自己看起来像在努力维持体型，我都做了些什么？”

至今为止，我尝试过很多事情，但因为生性懒惰，所以没有什么事情是坚持下来的。

粗略地回忆一下，有氧训练操、踢踏舞、健身房运动、游泳、瑜伽、普拉提、交际舞、慢跑、健走、林迪舞、私教训练等，我都尝试过，但无一坚持下来。

要说唯一坚持下来的事情，就只有唱歌这一件了。算一算，从我还是业余爱好者开始到现在，已经有将近40年了。

唱歌也是一件耗费体力的事情。喜欢唱歌的人，如果坚持去卡拉OK唱歌的话，相信也能有相似的效果。

不过，我觉得我从唱歌中得到的最大益处是，我作为专业歌手而常常备受瞩目，要时刻保持着强烈的紧张感。

从好的一面来说，我觉得这种紧张感和我维持体型有一定的关联。如果将这种紧张感带入日常生活，那是不是不去健身房也OK了？

另外，虽然有些东西不可称之为“努力”，但我还是想将我通过日常实践所得的经验传授给大家。

当你踏出门的第一步，就要把外面当作舞台，把自己当作明星，昂首阔步、英姿飒爽地前行。你要感受骨盆的正确位置，绷直背脊，挺胸沉肩；同时腹肌发力，让腰部呈现最瘦的状态。随时保持这样的身姿，昂首阔步地向前走。

我建议你尽量不要乘坐电梯，而要有节奏地上下楼梯。如果不赶时间的话，一站远的距离还是走路过去吧（这样比在健身房的跑步机上跑 30 分钟更有效）。

等信号灯的时候也不要松懈，就想象自己是在走 T 台，而且人行横道上有很多摄影师在等候着你。不要松松垮垮地站着，可以简单地摆个小造型，或者一手叉腰、双脚交叉站立，这样也很漂亮。

人行横道对面的“观众”，或许也在等待信号灯的短暂时间里一直注视着你。从你眼前驶过的车里的司机，说不定也会向你投来目光。

在信号灯变绿之后，千万不要横眉竖目、表情可怖地向前走，这样会吓到小朋友。一定要嘴角上扬，面带微笑地前行（这样可以锻炼表情肌，有瘦脸效果）。

实践一下你就会发现，这一系列动作能锻炼到自己的深层肌肉。

从外面回到家后，请让自己的身心都放松下来。你可以把家视为“后台”，在这里可以转换一下你的状态开关了。

你可以和猫一起蜷在毯子上，一边端着红酒细品，一边看自己喜欢的 DVD。放松自己的神经，也是十分重要的。

像这样不需要耗费时间和金钱，也不需要经受痛苦，就能使身材得以维持的话，实在是再好不过了。

02 “野宫式减肥法”：吃饱才有力气减肥

如前所述，从 21 岁出道至今，我的体重几乎没有发生什么变化，坊间流传的节食减肥方法我也从未试过。在我看来，那些被冠以“××× 减肥法”之名的东西，多是一些较为极端的方法。这样的方法难以坚持，所以很难见到效果。

我的体重之所以能维持不变，也是有理由的。在这里，我并不是想告诉大家什么“野宫式减肥法”，而是想把我多年来的饮食习惯分享给大家，为大家的减肥提供一点参考。

- 一日三餐，每餐六分饱。
- 每餐都要保持五大营养素（蛋白质、脂肪、碳水化合物、维生素、矿物质）的均衡。
- 细嚼慢咽。

仔细想来，大致就是这些。

“一日三餐，每餐六分饱”，而不是每餐八分饱。这条准则对要运动的人来说另当别论，但对于代谢速度已经减缓的我们来说，每餐六分饱是最合宜的。

“一日三餐”是我们每日摄取营养的基本途径，当我们摄取了足够量的五大营养素后，就没有必要再多进食了，身体会告诉我们它所需的食量是多少。快餐和盖浇饭的营养都不均衡，如果不大量进食的话是无法得到满足的，这样就会很容易变胖。

每餐要尽可能做到“一汁三菜”[1]。做到“细嚼慢咽”也是非常重要的，每口食物都要嚼 30 下。

细嚼慢咽，可以少食即饱，基本上六分饱就会觉得十分满足了。

细嚼慢咽，据说还可以促使口腔分泌更多有助于美容养颜的唾液。

细嚼慢咽，可以锻炼面部肌肉，减缓面部松弛，达到瘦脸效果。如果一口能嚼 50 下的话，效果更佳。

大家注意到了吗？**要保持苗条的身材，秘诀不在于“饿”，而在于“饱”。**

对减肥来说，以必要量的必需营养素喂饱身体非常重要。特意去减肥的话，于时间和精力都是一种浪费。

从日常的饮食习惯着手，一点点变得苗条，才是成

---

[1] 一汁三菜：日本料理中较为常见的组合，通常为一碗米饭、一碗汤、一道主菜（以鱼、肉、蛋类为主）和两道副菜（以蔬菜、海藻等为主）。

熟女性的聪明方法。

不过话说回来，虽然我之前说过没有什么“野宫式减肥法”，但这里确实还是有一种**“酒肴减肥法”**的。

我几乎每晚都会小酌一番，所以经常在晚饭时吃下酒菜，而不是米饭和菜。我喜欢的下酒菜包括乌鱼子、腌渍乌贼、海鞘，乃至臭鱼干等海味。这些海味大多都经过了发酵，有较高的营养价值，所以我一直相信它们对美容也有助益。我也乐得以此为借口，每日就着这些海味下酒。如果没有喝多的话，那就恰好成了现在流行的“控糖减肥法”。

03 把天然的自己堂堂正正展示给人看

在 20 世纪 90 年代那个涩谷系流行的年代，我曾多次与法国歌手橘儿碰过面，但是我们以前从来没有机会合作演出。20 多年过去了，终于在 2015 年，我们有了第一次共同演出的机会。

在那场演唱会上，橘儿除了演唱一些动画歌曲外，还演唱了日本人也十分熟悉的《香榭丽舍大道》和《男与女》；我则演唱了我的代表曲目《东京晚七点》和珍·柏金的《记忆中的摇滚歌手》。最后的返场曲，我们两人合唱了 Pizzicato Five 的《Weekend》，现场气氛也在这个时候达到了高潮。

现场换装是我们两个人的共同点之一（除此以外，我们还有其他共同点，比如我们小孩的年龄都差不多大，还有我们都不做发声练习）。她似乎是为满足日本人想象中的巴黎女性形象而特地选的服装，一件是条纹的连衣裙，而另一件是极具民族特色的紧身裙。这条紧身裙是露背款的，而且从肩部开始就大方地露出了整条手臂。

橘儿的双臂与年龄相符（也就是说，她的手臂绝对不细），但她却毫不在意，这也正是她个性中富有魅力的地方。

法国人崇尚个人主义，比起在意别人的目光，自己觉得好才是真的好。对于任何事情，只要从心所欲地去做就可以了。

老实说，年龄越大，就越想把身体遮遮掩掩，但与其半遮半掩，还不如大大方方让别人看见。如果别人能感受到你的这种想法，说不定结果会出乎意料。

我的双臂也同年龄相称，但即便如此，我还是会穿无袖的衣服。虽然我没有做过肌肉训练，但是为了让自己的手臂看起来不那么粗，我也会运用一些小技巧。

- 不要让双臂紧贴身体两侧（这样会让没有肌肉的双臂看起来很粗）。
- 不要抬起手臂挥手，要挥手的时候只动手腕部分就可以了（当心晃动手臂上的赘肉）。
- 即使想把双臂遮住，也不要穿袖子像仙女的羽衣一样的衣服。你可以在肩上披一件对襟毛衣，这样才能提高你的时尚度。

最后还有一个方法，那就是为双臂打上阴影。不过，一般法国女性不会用这种方法，她们爱自己原有的样子。我无法像法国女性那么豁达，我很喜欢研究那些不过是自我满足的小技巧，也并不讨厌这样的自己。

法国人喜欢把天然的自己堂堂正正地展示给人看，而日本人则喜欢将自己的缺点隐藏得雅致又漂亮。橘儿和我，各自带有法国女性和日本女性的魅力。但是知己知彼，互相学习对方的优点，才是女性维持美丽的生存之道，不是吗？

04 恢复青春的香水，要随身携带

1370年，72岁的匈牙利王妃伊丽莎白送走了先她而去的国王，开始一个人忍受被风湿病折磨的寂寞日子。就在那个时候，伊丽莎白王妃看见了年轻的波兰国王的肖像画，对他一见钟情，因此想要恢复年轻时的美貌。

为此，她特意前往森林深处，想找住在这里的智者寻求帮助。在她只身前往森林深处的途中，遇见了一位衣衫褴褛的男子。伊丽莎白王妃对这位男子温声相待，还将自己的斗篷和饰物送给了他。

谁承想，这位男子就是住在森林里的智者，作为还礼，他将恢复青春的香水（化妆水）配方送给了伊丽莎白。

伊丽莎白按照配方制作出了香水，喷在身上后，转眼间就恢复了青春美貌，甚至连风湿病也好了。传说的结局是，王妃如愿等到了波兰国王的求婚。

伊丽莎白王妃的这款香水，据说是现存最古老的还留有配方的香水，由佛罗伦萨的修女玛丽亚·克莱门蒂娜传于后世。这款香水以迷迭香为基调，因来源于匈牙利王妃，所以又被称为“匈牙利之水”（以上内容参考芳香期刊社[1]出版的，由茱莉亚·劳伦斯著、熊谷千津译的《迷迭香油》一书）。

我既然学过植物疗法，那么在我看来，最神秘的、也是最让我激动不已的，当然是这款能让人恢复青春的

---

[1] 芳香期刊社：日本出版社，位于东京千代田区，主要出版和“香”相关的杂志、书籍。

香水的配方了。

迷迭香的花语是“复活”，从中提取的精油也是我非常喜欢的一种。

此外，迷迭香作为烹饪香料，想必也为众人所熟知。将迷迭香、大蒜、漆姑草一起放入橄榄油或酒醋中浸泡，在做肉类料理时添加进去可以促进消化。

话说回来，在芳香疗法的实习课上，我就按照配方调配出了那瓶返老还“春”的香水。它不仅可以作为香水使用，稀释后还能作为化妆水使用。另外，还可以把它滴入浴缸中用作泡澡剂。

据说这瓶香水能保存很久，10 年过后，它还能作为中古品任人欣赏。

我把自己调配出来的那款返老还“春”的香水，装进了项链上挂着的小香水瓶里随身携带。它就像护身符一样被我佩戴在身上，我偶尔会拿出来闻一闻。这一闻之下，仿佛真的就回到了年少时的青春时光。

下面就是这款香水的配方和做法，大家不妨跟我一起试一试！

匈牙利之水的配方：

- 迷迭香精油 3 滴
- 柠檬精油 4 滴
- 甜橙精油 4 滴
- 玫瑰花水 1 毫升
- 无水酒精 4 毫升

匈牙利之水的做法：

1. 用烧杯量取无水酒精。
2. 加入迷迭香精油、柠檬精油和甜橙精油，混合均匀。
3. 加入玫瑰花水。
4. 将混合液体倒入保存容器中，再充分摇晃均匀。

开始的时候每隔 2 日摇晃一次，之后每周摇晃一次，大概 2 个月之后就能完全混合而成。

需要注意的是，柠檬精油具有光敏性，使用之后请注意不要照射到紫外线，否则可能会长斑。

我是在植物疗法大师——森田敦子老师主理的 Le Bois 植物疗法学校的课程中，学到这款返老还“春”香水的做法的。不过，我或许是最不认真的一个学生。

我既非“健康御宅族”，对事又不会太过认真，只是一直妄想着“能用自己学到的植物疗法知识，做出自己喜欢的东西”罢了。

我知道玫瑰是最能提升女性魅力的东西，所以我在自己最喜欢的香槟酒里兑入玫瑰汁，制作出了“恋爱鸡尾酒”。我又运用掌握的植物疗法知识，制作出了天然有机而又非常流行的口红。

我不仅想用植物疗法知识制作出对身体有益的东

西，还想用它来做出美味的、漂亮的、令人愉悦的东西。今后，我还想做出受欢迎的花草茶，还有能让声音返老还“春”的润喉糖。

最后，我更想试着做出由野宫真贵出品的能够恢复青春的香水。

05 为了能唱到 60 岁，我会更加关注健康问题

那是一个 5 天之后就要登上重要舞台的清晨，在想从床上爬起来的一瞬间，我受到了“魔女的一击”（闪到了腰）。剧痛使我瘫倒在床上，无法动弹。再想到 5 天之后的演唱会，我瞬间变得面色苍白。

那种疼痛是我在那一刻前还从未体验过的，痛到连路都走不动。我赶紧去做了正骨、针灸等紧急治疗，这才站在舞台上，总算是没有耽误演出。

我平时就比较注重美容和健康。在美容方面，我一直以“精简美容”为宗旨，而在打扮上也一直让人们看

不出实际年龄。在健康方面，每年定期体检自是不用多说，在饮食和生活上我也十分注意。然而，明明已经如此注意了，仍旧会突发疾病。看来，真的只有我的心境尚算年轻了。

不过，这件事倒是把我的弱点暴露了出来。我年轻的时候并没有腰痛的毛病，所以这件事对我来说无疑是晴天霹雳。

年龄增长后，失去弹性和张力的不仅仅是皮肤，肉眼无法看见的脊柱软组织也在发生同样的变化。而且据我猜测，肌肉力量不足、身体柔韧性差、常年穿高跟鞋等，都是引发我腰痛的元凶。虽说“魔女的一击”是突发事件，然而随着年龄的增长，以前勉强自己做的那些事情早已在不知不觉中埋下了祸根。

这样下去，别说“唱到 60 岁”的愿望无法实现，就连我最爱的高跟鞋可能都穿不了了！

为了实现我的愿望，我一定要想办法改善我腰痛的毛病，认真改善我的体质，坚决不再受到魔女的攻击！（我经常提到“魔女的一击”，它在德语中是“闪到腰”的意思。这句话给人的印象就是，如果你不认真倾听自己身体的声音，魔女就会对你的腰行恶事。）

就这样，我现在在专治腰痛的整形外科医院认真地接受长期恢复治疗，并且从日常开始坚持拉伸，保持身体的柔软度。这次，可不能再“精简”了。

这次的腰痛，是一次威胁到我歌手生涯和时尚人生的突发性灾难。但转过头来一想，这也是身体对我发出的信号，这场灾难能在现在发生也是一件好事。如果这场灾难发生在 10 年后，那可能就会变成“闪到腰→卧床不起→糖尿病→并发症”这种最糟糕的情况了。因此，幸好是发生在现在，我还有足够的时间去改善。

或许人就是这样的，不经历疼痛永远学不乖。身体健康的时候，永远记不住健康的重要性。如果没有健康的身体，万事都做不成。

日语里有句话叫“一病息灾”。字典上对这句话的解释是，身患一种疾病的人，比没有疾病的人更注意健康，因此他们反而比健康的人更长寿。

这句话太符合我现在的心境了，我觉得其中包含了幸福人生的法门。

我们要学会倾听自己身体的声音，如果出现不太好的状况，千万不要逞强，从平时开始就要接受治疗。要知道，这与我们的身心健康息息相关。

这次“魔女的一击”，给我的人生带来了重大的改变。

野宫老师画重点

1. **仪态万方的美人步法：**把家门外的世界视作舞台，把自己当作明星，昂首阔步、英姿飒爽地前行。感受骨盆的正确位置，绷直背脊，挺胸沉肩；同时腹肌发力，让腰部呈现最瘦的状态。

2. **不花钱的健身法：**尽量不要乘坐电梯，而要有节奏地上下楼梯。如果不赶时间的话，一站远的距离走过去就好。

3. **过马路时的体态与表情管理：**等信号灯的时候也不要松懈，想象自己是在走 T 台，而且人行横道上有很多摄影师在等候着你。不要松松垮垮地站着，可以简单地摆个小造型，或者以手叉腰、双脚交叉站立。在信号灯变绿之后，千万不要横眉竖目、表情可怖地向前走。一定要嘴角上扬，面带微笑地前行。

4. **野宫式减肥法：** 一日三餐，每餐六分饱；每餐都要保持五大营养素（蛋白质、脂肪、碳水化合物、维生素、矿物质）的均衡；细嚼慢咽。保持苗条身材的秘诀不在于“饿”，而在于“饱”。每晚小酌一番，吃些乌鱼子、腌渍乌贼、海鞘、臭鱼干等海味也有助于“控糖”。

5. **拥有纤纤玉臂的“小心机”：** 不要让双臂紧贴身体两侧；不要抬起手臂挥手，要挥手的时候只动手腕部分就可以了；即使想把双臂遮住，也不要穿袖子像仙女的羽衣一样的衣服，倒可以在肩上披一件对襟毛衣；为双臂打上阴影。

6. **美人的幸福哲学：** 人不经历疼痛永远学不乖，如果没有健康的身体，万事都做不成。因此，要学会倾听自己身体的声音，如果出现不太好的状况，千万不要逞强，从平时开始就要接受治疗。

第十章

现在的自己就是最美的

いくつになっても
「今がいちばんキレイ」と言えるために。

01 找到自己的“制作人”

演员、明星、模特和歌手之所以能看起来光鲜亮丽，一部分是因为他们本人的努力，还有一部分是因为他们周围围绕着大量的“制作人”。这些“制作人”包括发型师、造型师、摄影师、艺术总监和经理人等。来自各个领域的专业人士，能将明星打造得更加耀眼夺目。

我本人还在 Pizzicato Five 乐队的时候，也有很多优秀的工作人员为我打造视觉系形象。因此，并非我自己拥有多么特别的时尚才能，而是许多专业人士合力为我打造出了时尚的形象。

在大家看来，接受专业人士的形象打造，可能只是一部分名人才能享受的待遇，实际上并非如此。

就算你从事的不是需要经常出现在台前的工作，也可以享受专业人士的形象打造。或者不如说，每位时尚人士都必定经过某位专业人士的形象打造。

美容师、经常光顾的时装店的店员、皮肤科医生、美学者、有品位且正直的朋友……在这些人的“出谋划策”下，你的时尚品位一定能够得到切实的提升。

我在前面的章节中说过的“要听取专业人士的意见”“偶尔也将自己托付给专业人士”之类的话，也是这个意思。

自己打造自己，有时候会缺乏客观性。因此，大家也去寻找一下各领域的专业人士，拜托他们为自己打造一番吧！另外，丈夫或者恋人的意见适当地听听就好了，因为他们往往倾向于将自己的喜好强加于你。

让他们担任专门夸奖你的角色吧！也许，理想型的男性就是“专业夸奖人士”。

02 找到不吝惜给你肯定的粉丝

找到自己的“制作人”之后，接下来就要寻找自己的粉丝了。

能够坦率指出你缺点的友人固然很重要，但找到一个无论何时都能全面肯定你、喜欢你的人也很重要。

对于作为歌手的我来说，他们叫作粉丝。如果大家也能拥有自己的粉丝的话，那就会受到莫大的鼓舞。粉丝能提升你的价值，给予你变美的原动力。

我的艺术总监信藤三雄先生绝对是我粉丝中的代表。从 Pizzicato Five时代开始，到现在最新的一张专辑，信藤先生多年来一直在为我打造不同的形象。可以说，信藤先生用他的艺术品位，和他在造型方面的技术，成就了我的形象。

我与信藤先生一起工作了20余年，从初次见面到现在，他一直夸我是一个美人。我收到过很多来自他的、近乎狂热的夸赞。在我状态最好的30多岁的年纪里，他夸我骨相美；而到了40多岁，他又说："你没有肌肉的肢体很美。"那时我还是有生以来第一次被人夸骨相美，所以多少有点不知所措（说起来，设计师丸山敬太先生也说过我"形美"，所以原来我是骨相美人吗？）。到了50岁，信藤先生又夸我"年龄越大，越有味道"。在拍摄最新一张专辑的封面时，他又对我说："野宫，你的表情和味道是年轻女性无法'酿造'出来的。"得到这句夸赞的一瞬间，我真的非常开心。

几乎找不出另一个像信藤先生一样，在20多年来的每次见面都会夸我（即便是夸我的骨头）的人了。但只要有一位这样狂热的粉丝，哪怕只有一位，也足够让人积极向前地活下去了。

你身边一定也有这样一位粉丝，不管他是同性还是异性，是年长还是年轻，都很好。他也不必是你的丈夫或者恋人。在你情绪低落的时候去见一见他（她），在你光鲜亮丽的时候去见一见他（她）。无论何时何地，你的粉丝都一定会对你说："你是最美的。"

虽然说粉丝越多越好，但是发自内心喜欢你的粉丝，只要有一位就够了。特别是狂热的粉丝，他（她）能发现你身上的、连你自己都未发现的美好。他（她）所爱着的，是你的本质。

我也是因为粉丝的支持，才有了今天的自己。

03 做一个“恰到好处”的女子

不要过分打扮，也不要毫不修饰。

不要浓妆艳抹，也不要素面朝天。

不要太胖，也不要太瘦。

不要思虑过度，也不要大脑空空。

不要过分沉浸于工作，也不要整日游手好闲。

不要多言，也不要哑口。

不要过分贪睡，也不要彻夜不眠。

不要多情，也不要无情。

不要过分被爱，也不要无人喜爱。

不要过度自信，也不要过分自卑。

不要沉溺于梦境，也不要太过现实。

不要过分关注健康，也不要毫不在意身体。

不要太受欢迎，也不要“无人问津”。

不要过于认真，也不要过于散漫。

不要太温柔，也不要太冷漠。

不要多食，也不要禁食。

……

凡事，过犹不及。

恰如其分，才能得到圆满。

这，就是我人生的准则之一。

04 为自己创造舞台当主角

这本书在日本出版的时候（2016 年），我已经 56 岁了。到了这个岁数，我已经能保持一颗平常心了。虽然人生才走了半段，但算一算我出道至今也有 35 年了。

这样想来，我忽然想为自己举办一场生日宴会。

我想借这场生日宴会的名义，感谢平日里在公事和私事上都照顾过我的人，同时也想和大家在一起度过一小段快乐的时光。这样对我来说，就是最棒的生日宴会了。

宴会的主题我都想好了，就叫“野宫真贵　诞生 56

周年保龄球大会——Let's 5656 Keep on rollin'[1]”。

之所以又叫“保龄球大会”，是因为我用56岁的姿态对自己起誓：“不要止步，继续向前！”主题里暗含了我对自己的期望。

至于服装，我希望穿成属于自己的保龄球风格。

让我感到很开心的是，各位来宾真的都穿着保龄球风格的服装前来，有的做20世纪50年代的装束打扮，也有的装扮成令人怀念的中山律子风[2]。作为生日宴会会场的怀旧保龄球馆里，有一面宛如美国涂鸦墙的时尚空间墙，对我来说，这是最好的礼物。

到场的宾客大概有100人。从音乐人朋友到妈妈群里的朋友，从编辑到艺术家等，我的生日宴会上汇集了

---

[1] Let's 5656 Keep on rollin'：意为“让我们一起5656（骨碌骨碌地）不停滚动”。“5656”在日语中的发音与“骨碌骨碌”谐音，这里是双关用法。既指作者56岁，又与保龄球滚动的声音谐音。

[2] 中山律子：原日本著名职业保龄球运动员。

来自各个领域的朋友。

生日宴会的概念、服装、妆容、娱乐项目、食物等，事无巨细全由我亲自策划。为了一边得到友人的祝福，一边将我宴请的客人招待好，我真是绞尽了脑汁，光是准备就花了一个多月的时间。虽然很辛苦，但我仍然无比快乐。

孩童时候的生日宴会，是一年一度的大事情。每当生日时,我都会邀请学校里的朋友来参加我的生日宴会。虽然有些害羞，但内心无比喜悦，我至今还记得当时那种兴奋的心情。

将近 40 岁的时候，每逢生日来临我都无法高兴起来。可无论多少岁，“开心”都是一件非常重要的事情。不要总是只出席别人的结婚典礼或其他宴会，偶尔也要为自己准备一个舞台。

回首看看，在被工作、家庭、育儿包围的日常中，你是否总是将主角让给别人来做了呢？若是真有这种感

觉的话，那你更应该让努力至今的自己每年当一回主角，接受大家的祝福。

对我来说，演唱会就是最好的舞台。但就算我不是歌手，没有演唱会这个舞台，我也可以在每年生日、纪念日的时候为自己策划一个舞台。然后叫来身边的人，和我一起狂欢。

这种时候，无论你是什么人，都可以光芒四射。

Happy Birthday to me（祝我生日快乐）！

这句话的潜在含义就是：“无论多少岁，你都是主角！”

05 越成熟的女性，越爱惜人生

人生总是在寻找。

如果有两件行李的话，必定会遗忘其中一件。

穿平底鞋的次数逐渐增多。

化妆包里的吸油纸会消失不见。

身上常备着润喉糖。

处处皮肤都很干燥。

回答别人的话变成了：“啊！什么？”

提重物的时候会吆喝一声“嗨哟”。

看不清小字。

一喝酒就容易忘事。

穿化学纤维的衣服身上会发痒。

穿套头的衣服会嫌麻烦。

背后的拉链自己拉不起来。

内衣会往上蹿。

丁字裤不再有意义。

流泪症开始缠身。

眉眼距离变宽。

口鼻距离变长。

头发变得细软。

头发分界线的发量变得稀疏。

对待事物的心态变得宽容。

想要帮助年轻人。

能细细品鉴美酒与佳肴。

有可以照顾自己的亲密朋友。

看到小孩子的笑脸，自己也会忍不住笑。

终于能做到轻缓呼吸。

不用再在意男士的目光。

感受力变得更加丰富。

不会再觉得紧张。

终于可以逍遥自在，无忧无虑。

终于可以觉得就这样也很好。

能因一点小幸福就觉得满足。

可以接受矛盾的存在。

也可以做到爱着一个人但不去束缚他。

终于适合涂红色的口红了。

也终于适合戴闪耀的钻石了。

学会了承认事物的多样性。

能享受巴黎三星餐厅，也能吃得惯街边小店。

可以自由地花自己挣的钱。

也可以享受一个人的旅行。

岁月流逝，失去最多的是肉体上的东西，而得到最多的，是精神上的财富。

人生，并不是那么不好。

变老，也并不是那么差。

我觉得现在的我是最快乐的。

我也可以自信地说，现在的我是最漂亮的。

野宫老师画重点

1. **美人“制作人”：** 美容师、经常光顾的时装店的店员、皮肤科医生、美学者、有品位且正直的朋友等，都可以成为你的“制作人”。丈夫或恋人的意见适当地听听就好了，他们更适合做“专业夸奖人士”。

2. **美人变美原动力：** 粉丝的肯定。每个女人都能找到一位发自内心喜欢自己的粉丝，特别是狂热的粉丝。粉丝能发现你身上的、连你自己都未发现的美好，他（她）所爱着的是你的本质。

3. **美人的处世之道：** 凡事，过犹不及。恰如其分，才能得到圆满。

4. **美人的舞台自己创造：** 不要总是只出席别人的结婚典礼或其他宴会，偶尔也要为自己准备一个舞台。在被工作、家庭、育儿包围的日常中，不要总将主角让给别人做。你应该让努力至今的自己在每年生日、纪念日的时候，为自己策划一个舞台，当一回主角，接受大家的祝福。

写在最后

愿你活出最美的自己

成为 Pizzicato Five 乐队第三代主唱的时候，我恰好 30 岁，那是 1990 年。在这之后的 10 年间，我在日本和世界各地巡回演出，而私下我还经历了结婚生子这些事情，每一天都忙得像是在坐过山车一样。

当时我并没有公开我的年龄，因为作为 Pizzicato Five 的主唱，我需要“变成”各种各样风格的女性。对此而言，年龄是一种障碍。要想将美梦传递给大家，就需要飞跃年龄和国度。

然而现在，我不再认为年龄是一种障碍了。因为比起化身为不同类型的女性，我更想以真实的自己唱遍世界名曲。

最近，有很多年轻女性告诉我她们是我的粉丝，其中不乏年纪小到可以当我女儿的小姑娘（20岁左右）。她们最开始问我“女儿今年几岁了？”的时候，我多少有点受打击。但对于没有女儿的我来说，她们是那么可爱，所以我现在总是沉浸在作为一位母亲的氛围中。

当听说我的三四十岁的粉丝中有人将自己的年龄换算成“野宫时间”时，我笑了。

比如有的人说：“野宫女士在30岁的时候加入了Pizzicato Five，而33岁是她发表《东京晚七点》的前夕！我们也要从这个时候开始计算年龄！”

还有人说：“这个时间正是野宫……我经常用她的时间来换算自己的时间，她真的是一位非常伟大的前辈。”

在时尚方面，也是这样。

“比起不穿而后悔，还不如穿了再后悔！我的穿衣打扮，都是从野宫女士那里学到的。”

听到这样的反馈，我怎能不开心呢！

不过，对于连用轮胎内胎制作的裙子都穿过的我来说，从来没有“后悔”两个字。

如果“野宫时间”能成为大家跨出第一步的勇气，那么我的存在就是有价值的。

在我看来，象征着跨出第一步所需要的勇气，正是烈焰红唇。因此，我为本书取名《口红》。

正红色的口红，是所有女人都能轻易买到的东西，但涂上嘴唇却需要勇气。如果你能跨出这一步，就能遇见全新的自己。

在细想之前，先涂上红唇吧！

不要害怕，自信地前进吧！

在后面推着你向前的，除了口红，还有其他东西。如果读了这本书之后，你能找到属于自己的“口红”，那对于我来说就是莫大的荣幸。

最后，我想在这里，向各位读者，向教会我植物疗法的森田敦子女士，向和我一起开发口红的 MiMC 的北岛寿女士和东谷加都子女士，向为我创造口红提供契机的 Cosme Kitchen 的小木充先生，向音乐制作人坂口修先生，向环球音乐的子安次郎先生和藤原繁树先生，向 SMA 公司的出口丰先生，向总是给予我服饰赞助的 MASSE MENSCH 公司的内山奈津子女士和丸山敬太先生，向给我的创作提供建议、辛苦帮我修改稿件、时时鼓励我的幻冬舍的竹村优子女士，以及其他几位支持我的工作人员、朋友、家人、粉丝等，致以最诚挚的谢意！今年是我出道的第 35 周年，离我满 60 岁还有 4 年。今后，“野宫时间”还会继续。不过，我也很期待，未来的“野宫时间”将会是什么样的时间。

野宫真贵

2016 年 7 月